目录

CONTENTS >

上篇 答案速查

下篇　答案速查

上篇　答案速查

第一章　绪论

第一部分　选择题			
一、A 型题			
1~5. DDABB	6~10. BBDEA	11~15. AAAAC	16~20. BDBCC
21~25. CDBCC	—	—	—
二、B 型题			
1~3. BDC	4~6. ADC	—	—
三、X 型题			
1. ACE	2. BD	3. AD	4. ABCE
5. ABCDE	6. BCE	—	—
第二部分　判断题			
1~5. √、×、×、√、×		6~10. ×、×、×、×、√	

第二章　细胞的基本功能

第一部分　选择题			
一、A 型题			
1~5. BDDAC	6~10. DADCC	11~15. DDDDE	16~20. CBABB
21~25. ECAEA	26~30. AABBC	31~35. DADBA	36~40. CBBAE
41~45. DDEBA	46~50. CBEDA	51~55. CADBE	—
二、B 型题			
1~4. ADEE	5~7. EDA	8~9. BA	10~12. DAB
三、X 型题			
1. BCDE	2. ACDE	3. ABCD	4. ABD
5. ABD	6. BC	7. ABC	8. ABC
9. AC	10. ABCD	—	—

第二部分 判断题	
1~5. √、×、√、√、√	6~10. √、√、×、√、×
11~15. √、√、×、√、√	—

第三章　血液

第一部分　选择题			
一、A 型题			
1~5. BAAAA	6~10. DDADB	11~15. CDDDD	16~20. BADCC
21~25. BCCBB	26~30. EADDD	31~35. DCACD	36~40. ECBCB
41~45. BECDC	46~50. DBDCD	51~55. DBEED	—
二、B 型题			
1~2. DA	3~4. EB	5~7. ADE	8~10. EAC
三、X 型题			
1. ABCD	2. ABCD	3. ABCE	4. ABDE
5. AC	6. CD	7. BE	8. ABDE
9. BC	10. ABCDE	11. ACE	12. AD

第二部分　判断题	
1~5. ×、√、√、×、√	6~10. √、√、×、×、√
11~12. √、×	—

第四章　血液循环

第一部分　选择题			
一、A 型题			
1~5. ACBBA	6~10. CBABD	11~15. CACCD	16~20. ABBCA
21~25. CAAAB	26~30. ABDBB	31~35. DCBEC	36~40. AAECC
41~45. BADED	46~50. CBDCD	51~55. BCBCC	56~60. ADDDD
61~65. CCBDD	66~70. BCBBA	71~75. BADBB	76~80. DDBCA
81~85. BBCEB	86~90. ECDBC	91~95. DCAEC	96~100. CCADA

二、B 型题			
1~4. BAED	5~7. EAC	8~12. ABCED	13~14. CA
15~17. DBA	—	—	—
三、X 型题			
1. ABCD	2. ADE	3. ABC	4. ABC
5. ABCD	6. ABC	7. ABCDE	8. ABCD
9. ABCDE	10. ABD	11. ABCDE	12. AB
13. BCDE	14. ABC	15. ABCD	16. BCDE
17. ABCD	18. BCD	19. ABCE	20. ACDE
21. DE	22. ACE	23. ABE	24. BCDE

第二部分　判断题	
1~5. ×、√、×、√、√	6~10. ×、√、×、√、√
11~15. √、×、×、×、×	16~20. √、×、√、√、×

第五章　呼吸

第一部分　选择题			
一、A 型题			
1~5. ABBCD	6~10. ACBDD	11~15. CBDCC	16~20. ACDAB
21~25. ADCCE	26~30. ABBCD	31~35. AACCC	36~40. ACDBD
41~45. AADAB	46~50. BBACE	51~55. ECCEC	56~60. AECDA
二、B 型题			
1~6. DCEBAA	7~9. EDC	10~12. AEB	—
三、X 型题			
1. ACE	2. BD	3. ACDE	4. AB
5. AB	6. BCDE	7. ACD	8. ABC
9. ABC	10. AB	11. ACDE	—

第二部分　判断题	
1~5. ×、×、×、×、×	6~10. ×、√、×、×、×
11~12. √、√	—

第六章　消化与吸收

第一部分　选择题			
一、A 型题			
1~5. BBAAA	6~10. CABDD	11~15. CCCDB	16~20. AADCD
21~25. ACCDB	26~30. EDEAD	31~35. DCCCD	36~40. BCDDE
41~45. CDDEB	46~50. BCADD	51~55. ABDCE	56~60. CEBBC
二、B 型题			
1~4. ABDB	5~8. BECA	—	—
三、X 型题			
1. ABCDE	2. ABCD	3. ABCD	4. ACD
5. ABC	6. ABCDE	7. ACD	8. ACDE
9. ACE	10. ABCE	—	—

第二部分　判断题	
1~5. √、×、√、√、×	6~10. ×、×、×、√、×

第七章　能量代谢与体温

第一部分　选择题			
一、A 型题			
1~5. DDAAB	6~10. DCCDA	11~15. EBEDC	16~20. BCEEC
21~25. BCDCB	26~30. ECCBC	31~35. ACEEB	—
二、B 型题			
1~3. EBC	4~6. ECA	—	—

三、X 型题			
1. ABCE	2. CDE	3. ABCDE	4. ABCDE
5. ABC	6. BD	7. BD	8. ABC
9. ABD	—	—	—
第二部分　判断题			
1~5. √、×、×、√、√		6~9. √、×、×、√	

第八章　尿的生成与排出

第一部分　选择题			
一、A 型题			
1~5. BBBBD	6~10. BAACA	11~15. CDDCD	16~20. BBCDC
21~25. CDACA	26~30. CEBDC	31~35. DBBCA	36~40. BACBA
41~45. BDBCD	46~50. ACDBC	51~55. AECAA	—
二、B 型题			
1~6. ACDEEB	7~9. BEC	10~12. ACB	—
三、X 型题			
1. ABCD	2. BD	3. ABCE	4. ABCD
5. ABCDE	6. BDE	7. ACD	8. ABCE
9. ABDE	10. BDE	11. ABCD	12. ABC
13. BDE	14. AC	15. ABCE	—
第二部分　判断题			
1~5. ×、×、√、×、√		6~10. ×、×、×、√、×	
11~15. ×、√、×、×、×		—	

第九章　感觉器官的功能

第一部分　选择题

一、A 型题			
1~5. AADAA	6~10. CDBAB	11~15. BBABC	16~20. CDDDC
21~25. BBBCA	26~30. DCBBC	31~35. BBEDB	36~40. CDCEE
二、B 型题			
1~4. CBCA	5~7. CED	8~11. BCDA	12~14. BAC
三、X 型题			
1. ABCD	2. BCD	3. ABCD	4. ABCE
5. ABCDE	6. ABC	7. ABCD	—
第二部分 判断题			
1~5. √、√、√、√、√		6~9. √、√、×、×	

第十章 神经系统的功能

第一部分 选择题			
一、A 型题			
1~5. BDBDA	6~10. AABCC	11~15. DDADD	16~20. BDCAA
21~25. DCDCC	26~30. BCEBB	31~35. CABCC	36~40. BCDAC
41~45. BEEDB	46~50. DCADB	51~55. BBCEA	56~60. BCAAD
61~65. CEDDD	66~70. DDEBC	—	—
二、B 型题			
1~5. BADCA	6~9. CBDA	10~12. ACB	—
三、X 型题			
1. ABCDE	2. ABD	3. BD	4. ABD
5. ABDE	6. ABD	7. ABCDE	8. BC
9. ABCE	10. BDE	11. ACDE	12. AC
13. ACD	14. ABCD	15. ABC	16. ABCD

17. ABCDE	18. BCE	19. ABE	—
第二部分　判断题			
1~5. ×、√、×、√、√		6~10. √、√、×、×、×	
11~12. √、×		—	

第十一章　内分泌

第一部分　选择题			
一、A 型题			
1~5. CDCAD	6~10. CCCBC	11~15. DCCAD	16~20. BCBBC
21~25. BEAEB	26~30. BCAEB	31~35. DBCDC	36~40. CCBBD
41~45. BACEE	46~50. DDDCD	51~55. DCACE	56~60. BDCEA
二、B 型题			
1~4. ACBD	5~9. AACDE	10~14. CDEBA	—
三、X 型题			
1. ACDE	2. AD	3. ABCE	4. ABDE
5. ADE	6. AC	7. ABCDE	8. ABCDE
9. ABCE	10. ABCD	—	—
第二部分　判断题			
1~5. ×、√、√、√、√		6~10. ×、×、√、√、×	

第十二章　生殖

第一部分　选择题			
一、A 型题			
1~5. DCABB	6~10. BDACA	11~15. DDDDD	16~20. DBBAC
21~25. BDBEC	26~30. BCEAA	31~35. CABCB	36~40. AEDED
41~45. EACDC	—	—	—

二、B 型题			
1~2. BD	3~7. CBDDA	8~9. BB	10~12. ADE
三、X 型题			
1. ABCD	2. ABCDE	3. BCDE	4. ABCDE
5. ABCE	6. CDE	7. BCDE	—
第二部分　判断题			
1~5. √、√、×、×、×		6~7. √、×	

下篇　答案速查

第一部分　填空题

练习一

1. 神经调节，体液调节，自身调节，神经调节	2. 单纯扩散
3. 三联管，Ca^{2+}，终池（终末池）	4. 维生素 K
5. 延髓	6. 直捷通路，迂回通路，动－静脉短路
7. 头期，胃期，肠期	8. 肾单位，肾小体，肾小管
9. 减少	10. 黄体期

练习二

1. 反射，反射弧	2. 静息电位，阈电位
3. 原肌凝蛋白（原肌球蛋白），肌钙蛋白	4. 可塑变形性，渗透脆性，悬浮稳定性
5. 有效不应期特别长	6. 胰蛋白酶，糜蛋白酶
7. 乙酰胆碱，M 受体，减慢，减弱，减慢	8. 紧张性收缩
9. 血钙浓度，血糖浓度	10. 雌激素，孕激素

练习三

1. 新陈代谢，兴奋性	2. 阈值（阈强度），反变
3. 体液调节	4. 电压门控通道
5. 白蛋白	6. 脑脊液和局部细胞外液的 H^+，外周
7. 减少，增多	8. β
9. 感受器，效应器	10. 升高，孕激素

练习四

1. 动作电位	2. 阈刺激
3. 单纯扩散，易化扩散，主动转运，出胞	4. 红细胞，血清
5. 自律性，兴奋性，传导性，收缩性	6. 心室舒张末期容积（心室舒张末期室壁所受的压力），大动脉血压
7. 胰液，胆汁	8. 动作电位（神经冲动）
9. 梭外肌，梭内肌	10. 协同，拮抗，允许，竞争

练习五

1. 前负荷，后负荷，肌肉收缩能力	2. K^+，增大
3. 去极化	4. 血浆晶体渗透压，血浆胶体渗透压
5. 去甲肾上腺素（NE / NA），β1，加快，增强，加快，增加	6. 容受性舒张，紧张性收缩，蠕动，胃排空
7. 负，维持动脉血压的相对稳定	8. Na^+
9. 辐射散热，对流散热，传导散热，蒸发散热	10. 佝偻病

练习六

1. 乙酰胆碱（ACh），N_2，Na^+	2. 特异性，饱和现象，竞争性抑制
3. 促红细胞生成素（EPO），雄激素	4. 血管收缩，血小板止血栓形成，血液凝固
5. 心肌初长度	6. 盐酸（HCl），胃蛋白酶
7. 颈动脉体，主动脉体	8. 甲状腺激素
9. 慢波睡眠，快波睡眠（异相睡眠）	10. 腺泡

练习七

1. 刺激强度，刺激持续时间，强度－时间变化率	2. 2 个 K^+，3 个 Na^+
3. A 型或 AB 型	4. 4，自动
5. 迂回通路	6. 8 000 ml，5 000 ml
7. 脑－肠肽	8. 视紫红质，夜盲
9. 肌紧张，腱反射	10. 肾上腺素（E / A），去甲肾上腺素（NE / NA）

练习八

1. 负，正	2. 接受信息，转导信息
3. 内源性凝血途径，外源性凝血途径，Ⅻ，Ⅲ	4. $(4.0 \sim 10.0) \times 10^9/L$
5. 每搏输出量（搏出量），外周阻力	6. 减弱
7. 酶，水分（H_2O），碳酸氢盐（HCO_3^-）	8. 肺泡通气量，降低
9. 继发性主动转运，Na^+	10. 雄激素，雌激素

练习九

1. 嗜酸性粒细胞	2.（4.0 ~ 5.5）$\times 10^{12}$/L,（3.5 ~ 5.0）$\times 10^{12}$/L
3. K^+ 外流逐渐减少，Na^+ 内流逐渐增加	4. 局部电流，不衰减（基本不变）
5. 升高，增多	6. 肺换气，组织换气，单纯扩散
7. Ca^{2+}，慢	8. 血浆晶体渗透压，循环血量
9. 生理完整性，绝缘性，双向性，相对不疲劳性	10. 血管升压素（VP）/ 抗利尿激素（ADH），缩宫素，视上核，室旁核

练习十

1. 去甲肾上腺素（NE / NA），α	2. 增多，促红细胞生成素（EPO）
3. 调节消化腺的分泌和消化道的运动，调节其他激素的释放，营养作用	4. 等容收缩期，等容舒张期
5. 胸腔大静脉和右心房，心脏射血能力，静脉回心血量	6. 肾小球滤过，肾小管和集合管的重吸收，肾小管和集合管的分泌
7. 降低	8. 前，凹透镜
9. 交感，胆碱能	10. 昏睡

练习十一

1. 物理溶解，化学结合，氧合血红蛋白，碳酸氢盐	2. 减少，基本不变
3. 心交感中枢，交感缩血管中枢	4. 主动，被动
5. 滤过膜	6. 适宜刺激，换能作用，编码作用，适应现象
7. 晶状体变凸，双眼球会聚（视轴会聚）	8. 兴奋性突触后电位，抑制性突触后电位
9. 脑，骨骼	10. 甲状腺激素，促甲状腺激素，肿大

练习十二

1. 血清	2. 心指数
3. 升高，减少	4. 尿潴留，尿失禁
5. 肾糖阈	6. 角膜，房水，晶状体，玻璃体，晶状体
7. 抑制，兴奋	8. 甲状腺球蛋白
9. 乙酰胆碱（ACh）	10. 失写症，感觉性失语症，失读症

练习十三

1. 正，排尿反射、排便反射、血液凝固、分娩等	2. 自律性，收缩性
3. 脑桥	4. 维生素 B_{12}，巨幼红细胞性
5. 收缩，舒张	6. 上升
7. 后	8. 快，跳跃式传导
9. 快，慢	10. 腺垂体，神经垂体

练习十四

1. 阈强度，阈下刺激	2. 血小板
3. 180 次 / 分	4. 组织换气，分压差
5. 胃运动，抑制	6. 肾小球毛细血管血压 –（血浆胶体渗透压 + 囊内压）
7. 肝脏	8. 体表面积
9. 突触前抑制，突触后抑制	10. 平衡

练习十五

1. 细，粗	2. 每分输出量（心输出量），每搏输出量（搏出量），心率，4.5 ~ 6 L/min
3. 血管长度，血液黏滞度，血管半径	4. 胰液，胆汁，小肠液，胰液，胰淀粉酶，胰脂肪酶，胰蛋白酶，糜蛋白酶
5. 体液调节	6. 肾脏，皮肤，消化道，呼吸道，肾脏
7. 球旁细胞，致密斑，球外系膜细胞	8. 椭圆囊，球囊，三个半规管，毛细胞
9. 延髓，中脑	10. 球状带，束状带，网状带，盐皮质激素，糖皮质激素，性激素

第二部分　名词解释

练习一

1. 兴奋性：可兴奋细胞在接受刺激后产生反应的能力或特性。
2. 受体：存在于细胞膜上或细胞内能与某些化学物质包括神经递质、激素等特异结合并引起生物效应的特殊蛋白质。
3. 静息电位：细胞静息状态下存在于细胞膜内外两侧内负外正的电位差。
4. 血细胞比容：血细胞在血液中所占的容积百分比，可反映血液中红细胞的相对浓度。
5. 期前收缩：指在心房或心室的有效不应期之后，于下次窦房结产生的兴奋到达之前，受到一次阈值或阈值以上的外来刺激，从而产生的一次提前收缩。

练习二

1. 阈值：在刺激作用的时间和刺激强度 – 时间变化率固定不变时，刚好能引起组织细胞产生反应的最小刺激强度，也称为阈强度或刺激阈。
2. 心动周期：指心脏的一次收缩和舒张构成的一个机械活动周期。
3. 肠 – 胃反射：十二指肠壁上的感受器受到酸、脂肪、高渗溶液及机械扩张的刺激时，通过神经反射抑制胃的运动、胃排空和分泌的过程。
4. 肾小球滤过率：两肾每分钟生成的超滤液量。
5. 食物的特殊动力作用：指因进食刺激机体额外消耗能量的现象。反映出人在进食后的一段时间内，即使在安静状态下，也会出现能量代谢率增高的现象。

练习三

1. 内环境：即细胞外液，是体内各种组织细胞直接接触并赖以生存的环境。
2. 单纯扩散：小分子物质从高浓度一侧向低浓度一侧跨细胞膜转运的过程，是一种简单的物理扩散。

3. 血型：指红细胞膜上特异性抗原（凝集原）的类型。

4. 房 - 室延搁：房室交界（房室结区）是兴奋由心房传向心室的唯一通道，但兴奋在房室结区传导缓慢，从而在此处出现一个时间延搁，称为房 - 室延搁。

5. 排泄：将机体代谢产生的终产物、体内过剩的物质及进入体内的异物排出体外的过程。

练习四

1. 内环境的稳态：指内环境的各种理化性质，包括渗透压、酸碱度、温度以及无机盐、水和营养成分等维持相对恒定的状态。

2. 绝对不应期：细胞在兴奋发生后最初的一段时间内，无论施加多强的刺激也不能使其再次兴奋，这段时间称为绝对不应期。

3. 自律性：指心肌在无外来刺激存在的条件下能自动产生节律性兴奋的能力或特性。

4. 容受性舒张：指进食时，口腔、咽、食管等处的感受器受到食物的刺激时，可反射性地引起胃底和胃体平滑肌舒张的现象。

5. 应激反应：当机体遭受各种有害刺激时，腺垂体立即释放大量促肾上腺皮质激素（ACTH），并使糖皮质激素快速大量分泌，从而引起机体发生的非特异性适应反应。

练习五

1. 反射：指在中枢神经系统参与下，机体对内、外环境变化所发生的规律性反应或应答，是神经调节的基本方式。

2. 血液凝固：血液由流动的液体状态变为不能流动的凝胶状态，其实质是血浆中的可溶性纤维蛋白原变成不溶性纤维蛋白的过程。

3. 基础代谢率：指机体在基础状态下，单位时间内的能量消耗量。

4. 感受器的适应现象：指当某一恒定强度的刺激持续作用于一个感受器时，随着刺激时间的延长，感觉传入神经纤维上的动作电位频率会逐渐下降的现象。

5. 激素的允许作用：某些激素虽然不能直接影响器官、组织或细胞的功能，但它的存在却使另一种激素的作用明显增强，即对另一种激素发挥效应起到支持作用的现象。

练习六

1. 负反馈：来自受控部分的输出信息反馈调整控制部分的活动，最终使受控部分的活动向与其原先活动的相反方向改变。
2. 红细胞沉降率：简称血沉，指红细胞在一定条件下沉降的速度，通常以第一小时末红细胞沉降的距离表示。
3. 肺泡通气量：每分钟吸入肺泡的新鲜空气量，等于（潮气量 – 无效腔气量）× 呼吸频率。
4. 水利尿：指大量饮清水后，血液被稀释，血浆晶体渗透压降低，反射性地使抗利尿激素释放减少，从而使远曲小管和集合管对水的重吸收减少，导致尿液稀释，尿量增加的现象。
5. 牵涉痛：由某些内脏疾病引起的特殊远隔体表部位产生疼痛或痛觉过敏的现象。

练习七

1. 体液调节：指体内细胞合成并分泌某些特殊的化学物质，通过体液途径对组织或器官的活动进行调节的过程，即体液因素对效应器官的调节。
2. 等渗溶液：渗透压与血浆渗透压相等的溶液。
3. 收缩压：指心室收缩时，在收缩期的中期达到的动脉血压最高值。
4. 滤过分数：肾小球滤过率与肾血浆流量的比值。
5. 突触：神经元与神经元之间，或神经元与其他类型细胞之间发生的功能联系部位或装置，是传递信息的重要结构。由突触前膜、突触间隙和突触后膜构成。

练习八

1. 自身调节：某些细胞和组织器官不依赖于神经和体液调节，凭借自身内在特性而对刺激产生适应性反应的过程。
2. 主动转运：某些物质在膜蛋白的帮助下，细胞通过本身的耗能过程，将物质分子或离子逆浓度梯度和（或）电位梯度进行的跨膜转运。
3. 胃肠激素：消化道黏膜内分泌细胞合成和释放的具有生物活性的化学物质，因这些化学物质都属肽类物质，又称胃肠肽。

4. 肾糖阈：尿中刚刚开始出现葡萄糖时的最低血糖浓度。

5. 下丘脑调节肽：是下丘脑促垂体区肽能神经元分泌的肽类激素的统称，主要作用是调节腺垂体的活动。

练习九

1. 纤维蛋白溶解：纤维蛋白在纤维蛋白溶解酶的作用下，被分解液化的过程。

2. 心输出量：指一侧心室每分钟射出的血量，等于搏出量乘以心率。

3. 吸收：经过消化后的营养成分透过消化道黏膜进入血液和淋巴液的过程。

4. 呼吸商：指营养物质在细胞内进行氧化供能时，在一定时间内机体呼出的 CO_2 量与吸入的 O_2 量的比值。

5. 后发放：在环式联系中，即使最初的刺激已经停止，传出通路上的冲动发放仍能继续一段时间的现象。

练习十

1. 射血分数：指搏出量占心室舒张末期容量的百分比。

2. 胃排空：食糜由胃排入十二指肠的过程。

3. 通气 / 血流比值：每分钟肺泡通气量与每分钟肺血流量的比值。

4. 球 – 管平衡：指不管肾小球滤过率增多还是降低，近端小管对水和 Na^+ 的重吸收率始终占肾小球滤过率的 65% ~ 70% 的现象。

5. 应急反应：当机体遇到紧急情况时，交感神经兴奋，使肾上腺髓质激素分泌明显增加，引起机体发生的适应性反应。

练习十一

1. 每搏输出量：指一侧心室一次搏动所射出的血量，简称搏出量。

2. 慢波：指消化道平滑肌细胞在静息状态下，自发地产生周期性的轻度去极化和复极化，从而形成的缓慢且具有节律性的电位波动，又称为基本电节律。

3. 肺活量：指尽力吸气后，从肺内所能呼出的最大气体量。

4. 血浆清除率：指两肾在单位时间内（每分钟）能将多少毫升血浆中所含的某种物质完全清除出去，这个能完全清除某物质的血浆毫升数便为该物质的血浆清除率。

5. 牵张反射：有完整神经支配的骨骼肌在受到外力牵拉而伸长时，引起被牵拉的同一肌肉收缩的反射。

练习十二

1. 血压：血管内流动着的血液对单位面积血管壁的侧压力。

2. 血氧含量：每 100 ml 血液中血红蛋白实际结合的 O_2 量或每升血液中血红蛋白实际结合的 O_2 量。

3. 能量代谢：生物体内物质代谢过程中伴随发生的能量的释放、转移、储存和利用过程。

4. 视野：单眼固定注视正前方一点不动时所能看到的最大空间范围。

5. 神经递质：由突触前神经元合成并在末梢处释放，能特异性作用于突触后神经元或效应细胞的受体，并使突触后神经元或效应细胞产生一定效应的信息传递物质。

练习十三

1. 等容舒张期：指在心动周期中，射血后心室开始舒张，室内压下降，主动脉内的血液向心室方向反流，推动动脉瓣使之关闭，但因此时室内压仍高于房内压，故房室瓣尚未开启，心室处于压力不断下降的等容封闭状态的时期。

2. 脑－肠肽：在消化道黏膜和中枢神经系统双重分布并起重要生理作用的肽类物质。

3. 体温：机体核心部分的平均温度。

4. 激素：由内分泌腺或器官组织的内分泌细胞所合成和分泌，能在细胞间进行信息传递的高效能生物活性物质。

5. 瞳孔对光反射：当用不同强度的光线照射眼时，瞳孔的大小可随光线的强弱而改变的现象，具体表现为强光照射时瞳孔缩小，光线变弱时瞳孔扩大。

练习十四

1. 代偿间歇：在一次期前收缩之后出现的一段较长时间的心室舒张期。
2. 分节运动：是一种以环行肌为主的节律性收缩和舒张交替进行的运动，为小肠所特有。
3. 基础状态：指机体处在清醒、安静，不受肌肉活动、环境温度、精神紧张及食物等因素影响时的状态，即机体处于清醒，静卧，肌肉放松，至少 2 小时无剧烈运动，无精神紧张，餐后 12 ~ 14 小时，室温保持在 20 ~ 25℃的状态。
4. 血氧饱和度：血氧含量占血氧容量的百分比。
5. 暗适应：指当人长时间处于明亮环境中而突然进入到暗处时，最初看不清任何物体，需经过一定时间后，视觉敏感度才逐渐增高而看清在暗处的物体的现象。

练习十五

1. 胆盐的肠 – 肝循环：指进入小肠的胆盐绝大部分由回肠黏膜吸收入血，通过门静脉回到肝脏，从而促进自身分泌的过程。
2. 食物的热价：1g 某种食物氧化时所释放的能量。
3. 辐辏反射：当双眼凝视某一近物或某一正向眼前移近的物体时，双眼视轴向鼻侧会聚的现象，又称为视轴会聚或双眼球会聚。
4. 感受器：分布于体表或组织内部，专门感受体内、外环境条件变化的结构或装置。
5. 回返性抑制：指某一中枢神经元兴奋时，其冲动沿轴突外传的同时，又经侧支兴奋一个抑制性中间神经元，经它转而抑制原先发动兴奋的神经元和同一中枢的其他神经元。

第三部分　问答题

基础篇

题号	参考答案
1	（1）新陈代谢。 （2）兴奋性。 （3）生殖。 （4）适应性。
2	（1）体内细胞直接生活的液体环境，即细胞外液，称为内环境。 （2）细胞外液的各种理化性质，包括渗透压、酸碱度、温度以及无机盐、水和营养成分等保持在一个适宜的相对恒定的状态，称为内环境稳态，简称稳态。 （3）稳态的维持是保证细胞生理功能的必要条件，也是整个机体维持正常生命活动的前提。
3	反射活动的结构基础是反射弧。反射弧由五个部分组成，包括感受器、传入神经、反射中枢、传出神经和效应器。
4	（1）反应：指细胞、组织或机体感受刺激后所产生的应答性变化。 （2）反射：指在中枢神经系统的参与下，机体对内、外环境变化做出的有规律的反应。 （3）反馈：指由受控部分将信息送回到控制部分，纠正和调整控制部分活动的现象。
5	局部电位： ①非“全或无”式； ②电位幅度小且呈电紧张性扩布； ③反应可以总和； ④由阈下刺激引起。 动作电位： ①“全或无”式； ②呈不衰减式传导； ③脉冲式发放，无总和现象； ④由一次阈刺激或阈上刺激引起，或多个阈下刺激产生的局部兴奋总和引起。

6	可兴奋细胞在接受一次有效刺激发生兴奋后，其兴奋性将发生一系列变化。初期对任何刺激不管其强度多大都不发生反应，这一时期称绝对不应期；此期之后的一段时间内，细胞的兴奋性逐渐恢复，但只有阈上刺激才能引起兴奋，这一时期称为相对不应期；在相对不应期后经历的一个兴奋性较正常水平轻度增高的时期，称为超常期；超常期之后，兴奋性低于正常水平的时期，称为低常期。
7	（1）内源性凝血途径特点：参与凝血的因子均在血液中，启动因子是因子Ⅻ，当血管内膜受损或血流与异物接触时被激活，再依次通过因子Ⅺ、因子Ⅸ的激活，并在 Ca^{2+} 的参与下，引起因子Ⅹ的激活。 （2）外源性凝血途径特点：由血液之外的组织释放的因子Ⅲ所启动。因子Ⅲ进入血液后与 Ca^{2+}、因子Ⅶ结合为因子Ⅶa-组织因子复合物后再激活因子Ⅹ。
8	凝血的过程共分为三个步骤，依次为： （1）凝血酶原激活物的形成。 （2）凝血酶原的激活。 （3）纤维蛋白的生成。
9	（1）作为载体运输脂质、离子、维生素、代谢废物以及一些异物（包括药物）等低分子物质。 （2）与甲状腺激素、肾上腺皮质激素、性激素等结合，使激素不易经肾脏排出。 （3）抵御病原微生物的入侵，发挥防御和保护功能。 （4）形成血浆胶体渗透压，调节血管内、外水平衡。 （5）参与血液凝固、抗凝和纤维蛋白溶解等生理过程。 （6）营养功能。
10	血浆是向血液中加入少量抗凝剂经离心后获得的上层淡黄色液体。血清是血液凝固后析出的淡黄色液体。与血浆相比，血清中缺少纤维蛋白原和血液凝固发生时消耗掉的一些凝血因子，而增加了血液凝固时由血管内皮细胞和血小板释放出的物质。
11	（1）每搏输出量（搏出量）。 （2）射血分数。 （3）每分输出量（心输出量）。 （4）心指数。 （5）心脏做功量。
12	（1）兴奋性。 （2）自动节律性。 （3）传导性。 （4）收缩性。

13	（1）心脏搏出量。 （2）心率。 （3）外周阻力。 （4）主动脉和大动脉管壁的弹性贮器作用。 （5）循环血量和血管系统容量的比例。
14	（1）心交感神经兴奋时心肌收缩力增强，传导速度加快，心率增快，心输出量增多，血压增高。 （2）心迷走神经兴奋时心肌收缩力减弱，传导速度减慢，心率减慢，心输出量减少，血压降低。 （3）交感缩血管神经紧张性增强时，外周血管收缩，外周阻力增大，血压升高。
15	（1）体循环平均充盈压。 （2）心肌收缩力。 （3）重力和体位。 （4）骨骼肌的挤压作用。 （5）呼吸运动。
16	（1）第一心音发生于心室收缩初期，音调低、持续时间较长，标志着心室收缩的开始。其由心室肌收缩，房室瓣突然关闭及随后射血入动脉等引起的振动而形成。 （2）第二心音发生于心室舒张初期，音调高、持续时间较短，标志着心室舒张的开始。其由动脉瓣迅速关闭，血流冲击大动脉根部引起血液、管壁及心室内壁振动而形成。
17	（1）直捷通路：主要功能是促使一部分血液迅速通过微循环经静脉回流入心；其次血液在此通路中也可与组织液进行少量的物质交换。 （2）迂回通路：是进行物质交换的主要场所。 （3）动－静脉短路：在体温调节中发挥作用。
18	（1）心交感神经节后神经元的末梢释放去甲肾上腺素，与心肌细胞膜上 β_1 受体结合，导致心率加快，心房肌和心室肌的收缩力加强，房室交界兴奋传导加快，即具有正性变时变力变传导的作用。 （2）心迷走神经节后纤维释放乙酰胆碱，与心肌细胞膜上的 M 受体结合，引起心率减慢，心房肌收缩力减弱，房室传导速度减慢，即具有负性变时变力变传导的作用。

19	由于房室结区的传导速度缓慢，且房室结是兴奋由心房传向心室的唯一通道，由此兴奋经过此处将出现一个时间延搁，称为房－室延搁。其生理意义为：使心房肌的兴奋不能快速到达心室肌，保证心室在心房收缩完毕之后才开始收缩，不会发生房室同时收缩，从而确保心房内血液在心室收缩之前排入心室，有利于心室的充盈和射血，但这也使房室结成为传导阻滞的好发部位。
20	（1）气体分压差。 （2）气体分子量。 （3）气体溶解度。 （4）气体的温度。 （5）呼吸膜的厚度与面积。 （6）通气 / 血流比值。
21	呼吸是指机体与外界环境之间进行气体交换的过程,呼吸的全过程包括三个阶段。 （1）外呼吸：包括肺通气和肺换气过程。 （2）气体在血液中的运输。 （3）内呼吸：包括组织换气和细胞内的氧化代谢过程。
22	低 O_2 对呼吸运动的刺激作用完全是通过外周化学感受器实现的；而低 O_2 对中枢的直接作用是抑制，并且这种抑制作用可随低 O_2 程度加重而加强。 （1）轻中度缺 O_2 时，通过刺激外周化学感受器，从而间接兴奋延髓呼吸中枢的作用可抵消低 O_2 对呼吸中枢的直接抑制作用，呼吸中枢兴奋，呼吸运动加强，肺通气量增加。 （2）严重缺 O_2 时，来自外周化学感受器的兴奋作用不足以抵消低 O_2 对呼吸中枢的直接抑制作用，呼吸运动减弱甚至停止。
23	（1）吸气时，肺容积增大，肺内压随之降低，当低于大气压时，外界气体被吸入肺泡，随着肺内气体量的增加，肺内压也逐渐升高，至吸气末，肺内压升到与大气压相等时，吸气停止。 （2）呼气时，肺容积减小，肺内压逐渐升高，当高于大气压时，肺泡内气体由肺呼出，随着肺内气体量的减少，肺内压也逐渐降低，至呼气末，肺内压又降到与大气压相等，呼气停止。
24	肺泡通气量是指每分钟吸入肺泡的新鲜空气量，等于（潮气量 - 无效腔气量）× 呼吸频率。肺通气量指每分钟吸入或呼出的气体量。由于无效腔的存在，每次吸入的新鲜空气不能全部到达肺泡与血液进行气体交换，所以肺通气量不能全面反映气体交换的状况。从气体交换的意义来说，单位时间内最好的评价指标是肺泡通气量，其反映了真正有效的气体交换量。

25	（1）外周化学感受器是指颈动脉体和主动脉体化学感受器，它们对血液中的 PO_2、PCO_2 和 H^+ 浓度变化敏感。当动脉血中 PO_2 降低、PCO_2 升高或 H^+ 浓度升高时，感受器兴奋，传入冲动增加，反射性使呼吸加深加快。 （2）中枢化学感受器位于延髓腹外侧浅表部位，主要对脑脊液和局部细胞外液中的 H^+ 敏感。血液中的 CO_2 因可迅速透过血－脑屏障，使化学感受器周围细胞外液中的 H^+ 浓度升高，从而刺激中枢化学感受器，引起呼吸中枢兴奋。中枢化学感受器不感受低 O_2 的刺激，但对 H^+ 的敏感性比外周化学感受器高。
26	（1）能激活胃蛋白酶原使之变成有活性的胃蛋白酶。 （2）为胃蛋白酶发挥作用提供最适 pH 值。 （3）促进食物蛋白质变性，使之易于水解。 （4）抑菌和杀菌作用。 （5）进入小肠可促进胰液、胆汁和小肠液的分泌。 （6）有助于钙和铁在小肠的吸收。
27	（1）兴奋性较低，舒缩迟缓。 （2）富有伸展性。 （3）具有紧张性。 （4）自动节律性。 （5）对不同刺激敏感性不同：对电刺激不敏感；对温度、化学、机械牵拉刺激敏感。
28	（1）机械性消化；通过消化道平滑肌的运动将食物磨碎，使之与消化液充分混合并将食物不断地向消化道远端推送的过程。 （2）化学性消化：通过消化腺分泌消化液，由消化液中的酶将食物大分子物质（如糖类、脂肪、蛋白质）分解成可吸收的小分子的过程。
29	（1）胃酸分泌缺乏多因壁细胞功能障碍，壁细胞功能受损时，内因子的分泌也将减少，从而使维生素 B_{12} 吸收障碍，红细胞的成熟受阻，引起巨幼红细胞性贫血。 （2）胃酸分泌缺乏时，进入小肠的胃酸减少，Fe^{2+} 的吸收受阻，血红蛋白合成障碍，引起缺铁性贫血。
30	胰液含有水解糖、脂肪、蛋白质三类营养物质的消化酶，因而是最重要的消化液。当胰液分泌障碍时，即使其他消化液分泌均正常，食物中的脂肪和蛋白质仍不能完全消化和吸收，常可引起脂肪泻，同时脂溶性维生素的吸收也受影响，但糖的消化和吸收一般不受影响。

31	（1）乳化脂肪，促进脂肪的分解消化。 （2）促进脂肪和脂溶性维生素的吸收。 （3）中和胃酸。 （4）促进胆汁自身分泌（胆盐的利胆作用）。
32	（1）小肠内含有胰液、胆汁和小肠液，可将糖、蛋白质和脂肪消化分解为可吸收的小分子物质。 （2）小肠吸收面积大。 （3）食物在小肠内的停留时间较长，为吸收创造了有利条件。 （4）小肠绒毛内血液和淋巴供应丰富，有利于吸收。
33	（1）紧张性收缩：是其他运动形式有效进行的基础，能使小肠保持一定的形状和位置，并使肠腔内保持一定压力，有利于消化和吸收。 （2）分节运动：是一种以小肠环行肌为主的节律性收缩和舒张运动。它能使食糜与消化液充分混合，便于化学性消化；增加食糜与小肠黏膜的接触及促进肠壁血液、淋巴回流，有利于吸收。 （3）蠕动：使经过分节运动的食糜向前推进到达一个新肠段，再开始新的分节运动。
34	糖尿病患者由于血糖浓度超过了肾糖阈，葡萄糖滤过量增多，使肾小管对葡萄糖的吸收达极限时，仍有部分葡萄糖未被重吸收，未被重吸收的葡萄糖留在小管液，使小管液的溶质浓度升高，小管液渗透压升高，妨碍了水的重吸收，导致尿量增加。
35	正常情况下，无论肾小球滤过率增加或减少，近端小管对溶质和水的重吸收率始终占肾小球滤过率的 65% ~ 70%，此现象称为球 – 管平衡。球 – 管平衡的生理意义在于使尿中排出的溶质和水不会因肾小球滤过率的增减而出现大幅度的变动。
36	（1）肌肉活动。 （2）环境温度。 （3）食物的特殊动力效应。 （4）情绪和精神活动。 （5）其他：机体的年龄、性别不同，能量代谢均有显著差异。
37	体温调定点学说认为，体温的调节类似于恒温箱的调节。机体的视前区 – 下丘脑前部（PO/AH）可通过某种机制决定体温调定点。体温调节中枢就按照这个设定温度（调定点）进行体温调节，即当体温与调定点的水平一致时，机体的产热与散热取得平衡，当体温高于调定点的水平时，中枢的调节活动会使产热活动降低，散热活动加强；反之，当体温低于调定点水平时，产热活动加强，散热活动降低，从而使体温回到调定点水平。

38	（1）基础代谢率是指人体在清醒、安静的状态下，不受肌肉活动、环境温度、进食以及精神紧张等因素影响时的能量代谢率。 （2）基础代谢率的测定是临床评价甲状腺功能的重要指标，甲状腺功能亢进时，基础代谢率可明显升高。此外，测定基础代谢率也可为合理制定营养标准和规划膳食提供依据。
39	视网膜上存在视杆细胞和视锥细胞两类感光细胞。 （1）视杆细胞：主要分布在视网膜周边部，其功能是感受弱光，对光的敏度高，负责夜视觉；但无色觉，对物体细微结构的分辨力差。 （2）视锥细胞：主要分布在视网膜中央凹，其功能是负责明视觉和色觉，对物体细微结构的分辨力强，但对光的敏感性差。
40	远视眼的发生是由于眼球的前后径过短或折光系统的折光能力过弱，使来自远物的平行光线聚焦在视网膜的后方，不经调节不能形成清晰的物像，远视眼无论视近物或远物都需调节。远视眼可佩戴凸透镜进行矫正。
41	（1）单向传播。 （2）存在中枢延搁。 （3）总和效应。 （4）兴奋节律发生改变。 （5）存在后发放现象。 （6）对内环境变化敏感和易疲劳。
42	（1）定位不准确。 （2）发生缓慢、持续时间长，对痛刺激的分辨能力差。 （3）对切割、烧灼刺激不敏感，对机械牵拉、缺血、痉挛和炎症等刺激敏感。 （4）常伴有牵涉痛、不愉快情绪及出汗、恶心、血压降低等自主神经反应。
43	（1）生理完整性。 （2）绝缘性。 （3）双向传导性。 （4）相对不疲劳性。

44	（1）促进组织能量代谢，使产热量增加。 （2）促进蛋白质合成，大剂量时则可促进蛋白质分解。 （3）促进肠道对糖吸收，促进糖原分解及糖异生，加速外周组织对糖的利用。 （4）促进脂肪酸氧化，促进胆固醇分解作用大于促进其合成作用。 （5）促进生长发育，特别是对胎儿后期及婴儿期骨与脑的发育尤为重要。 （6）兴奋中枢神经系统。 （7）使心率增快、心肌收缩力增强，心输出量和心肌耗氧量增加。 （8）促进消化道的运动和消化腺的分泌。
45	（1）糖代谢：糖皮质激素促进糖异生，减少组织细胞对糖的利用，从而升高血糖。 （2）蛋白质代谢：糖皮质激素对肝内和肝外组织细胞的蛋白质的代谢影响不同。糖皮质激素能促进肝外组织蛋白质分解，抑制蛋白质合成；相反，却能促进肝内蛋白质的合成。 （3）脂肪代谢：糖皮质激素促进脂肪分解，且全身不同部位脂肪组织对糖皮质激素的敏感性不同，四肢敏感性较高，面部、肩、颈、躯干部位敏感性较低。糖皮质激素过多时，体内脂肪重新分布，面部、肩、颈、躯干部位脂肪合成增多而四肢脂肪分解加强，呈现出圆面（满月脸）、厚背（水牛背），躯干发胖而四肢消瘦的“向心性肥胖”体形。

提高篇

题号	参考答案
1	机体生理功能的调节方式有三种：神经调节、体液调节和自身调节。 （1）神经调节：指神经系统对机体生理功能的调节，是人体最主要的调节方式。神经调节的特点是反应迅速、准确，作用时间较短暂。 （2）体液调节：指机体的细胞合成并分泌的某些特殊化学物质，经体液途径，对组织、细胞的功能活动产生的调节。体液调节的特点是作用较缓慢而持久，全身性体液调节作用通常比较弥散。 （3）自身调节：指某些细胞、组织或器官在不依赖于神经或体液调节的情况下，自身对刺激所作出的适应性反应。自身调节的特点是调节幅度较小，影响范围局限，灵敏度较低。

2	（1）负反馈：指自动控制系统中，受控部分的反馈信息抑制或减弱控制部分的活动。负反馈具有双向性调节的特点，可使系统的活动保持稳定，是维持机体稳态的重要调节机制。 （2）正反馈：指自动控制系统中，受控部分的反馈信息对控制部分起促进或加强作用的活动。正反馈往往是不可逆的，是一个不断增强的调控过程，直至整个过程完成为止。其生理意义主要是保证某些生理功能的完成，如排尿反射、分娩过程、血液凝固等。 （3）前馈：指当控制部分发出信号，指令受控部分进行某一活动时，受控部分不发出反馈信号，而是由某一监测装置在受到刺激后发出前馈信号，作用于控制部分，使其及早作出适应性反应，及时地调控受控部分的活动。前馈控制系统使机体的调节控制更快、更准确，更富有预见性和适应性，从而使机体的反应具有一定的超前性。
3	钠泵是镶嵌在脂质双分子层中的一种特殊蛋白质，它除了有物质转运功能外，本身还具酶的活性，可以分解 ATP 使之释放能量，并能利用此能量进行 Na^+ 和 K^+ 的主动转运，钠泵每分解 1 分子 ATP，可将 3 个 Na^+ 泵出胞外，同时将 2 个 K^+ 摄入胞内。因此钠泵又被称为 Na^+-K^+ 依赖式 ATP 酶。钠泵的生理意义有： （1）建立 Na^+ 的跨膜浓度梯度，为继发性主动转运提供势能储备。 （2）维持细胞内高 K^+ 浓度，是许多代谢反应进行的必要条件。 （3）维持细胞内、外合适的离子浓度，防止 Na^+ 内流导致的细胞水肿，保持细胞正常的渗透压和容积。 （4）钠泵活动形成的 Na^+ 和 K^+ 跨膜浓度梯度是细胞产生电活动的前提条件。 （5）钠泵活动具有生电作用，可直接影响膜电位。
4	静息电位是指细胞未受刺激时存在于细胞膜两侧的外正内负的电位差。其形成机制是细胞膜内外 K^+ 分布不均衡以及静息时细胞膜对 K^+ 具有选择通透性，从而 K^+ 外流。由于细胞膜内的 K^+ 浓度高于膜外，于是 K^+ 顺浓度差扩散到膜外，而膜内带负电的大分子物质不能透出，结果造成膜内外的电位差，即膜外带正电，膜内带负电。这种电位差随着 K^+ 的继续外流而加大，并对 K^+ 外流起阻碍作用。当膜内外的浓度差和电位差达到平衡时，K^+ 的净移动量为零，此时膜内外电位差相对稳定，称为 K^+ 的平衡电位，因此静息电位接近于 K^+ 的平衡电位。但由于在 K^+ 外流的同时，也有少量的 Na^+ 内流，抵消了一部分 K^+ 外流所致的膜内负电位，所以静息电位实际上略低于 K^+ 平衡电位。

5	动作电位是指各种可兴奋细胞受到有效刺激时，膜电位在静息电位的基础上产生的可传播的电位变化。以神经纤维为例，其产生机制是：细胞受刺激兴奋时，兴奋部位膜上的 Na^+ 通道开放，Na^+ 通透性增大，Na^+ 由膜外流入膜内，膜电位发生去极化，当去极化达到阈电位时，Na^+ 通道大量开放，Na^+ 迅速大量内流，膜电位发生迅速去极化。Na^+ 内流的动力来自膜两侧的浓度差和电位差(外正内负)。当 Na^+ 内流到一定程度，膜内电位变正，电位差成为 Na^+ 内流的阻力，此后 Na^+ 内流的动力只有浓度差。当 Na^+ 内流的动力（浓度差）和阻力（电位差）达到平衡时，Na^+ 内流的净移动量为零，达到 Na^+ 的平衡电位，其接近于动作电位的超射值。之后，Na^+ 通道很快进入失活状态，膜对 Na^+ 的通透性迅速下降，与此同时，膜对 K^+ 的通透性增高，于是膜内 K^+ 在浓度差和电位差的推动下而向膜外扩散，使膜内电位由正转负，从而形成了动作电位的下降支，使膜电位恢复到静息电位的水平。综上，动作电位的上升支是 Na^+ 内流所形成，而下降支是 K^+ 外流所造成。
6	当运动神经元兴奋，动作电位传到其末梢时，可使轴突末梢膜上的 Ca^{2+} 通道开放。细胞外液中的 Ca^{2+} 进入膜内，促使神经末梢释放大量乙酰胆碱。进入接头间隙的乙酰胆碱扩散到终板膜，并与膜上受体相结合而引起膜对 Na^+ 和 K^+ 的通透性增加，以 Na^+ 的通透性增加为主，Na^+ 内流从而引起终板膜去极化，出现终板电位。终板电位以电紧张方式向周围扩布，刺激邻近的肌细胞膜（非终板膜）发生除极，当肌细胞膜除极到该处的阈电位水平时，就爆发一次动作电位而传向整个肌细胞，于是运动神经的兴奋就传给了肌肉。
7	溶液渗透压是溶液中溶质分子所具有的吸引和保留水分子的能力。血浆渗透压包括血浆晶体渗透压和血浆胶体渗透压。 （1）血浆晶体渗透压：由血浆中的晶体物质所产生，其中 80% 来自 Na^+ 和 Cl^-。占血浆总渗透压的 99% 以上。由于晶体物质不易透过细胞膜，故血浆晶体渗透压对维持细胞内、外水的平衡及细胞的正常形态非常重要。 （2）血浆胶体渗透压：由血浆中的胶体物质（如血浆蛋白，主要是白蛋白）所形成。血浆蛋白不易透过毛细血管壁，因此血浆胶体渗透压对维持血容量，调节血管内、外水的平衡有重要作用。

8	（1）红细胞的生理功能：运输 O_2 和 CO_2；此外，红细胞内具有多种缓冲对，对维持血浆 pH 值的相对稳定也有一定的作用；最后，红细胞还参与免疫复合物的清除。 （2）白细胞的生理功能：白细胞是机体免疫系统的一个重要组成部分，主要通过吞噬及免疫反应，实现对机体的保护和防御。 （3）血小板的生理功能： ①参与生理性止血。血小板通过黏附、聚集和释放反应，形成血小板血栓，实现初步止血； ②促进血液凝固。血小板含有多种具有促进血液凝固作用的因子； ③维持毛细血管内皮的完整性。正常情况下，血小板能填补血管内皮细胞脱落后留下的空隙并能融入内皮细胞，因此对血管内皮的修复和完整性的维持具有重要作用。
9	（1）红骨髓的正常造血功能。 （2）足够的造血原料：蛋白质和铁（Fe^{2+}）。 （3）必要的促进红细胞成熟的因子：维生素 B_{12} 和叶酸以及促进维生素 B_{12} 吸收的内因子。 （4）红细胞生成的调节物的作用：促红细胞生成素、雄激素等。
10	ABO 血型根据红细胞膜上是否存在 A 抗原和 B 抗原而分为四型：红细胞膜上只有 A 抗原者为 A 型；只有 B 抗原者为 B 型；A 与 B 两种抗原均有为 AB 型；A 和 B 两种抗原都没有为 O 型。不同血型人的血清中含有不同的抗体，在 A 型血的血清中，只含有抗 B 抗体；B 型血的血清中只含有抗 A 抗体；AB 型血的血清中没有抗 A 和抗 B 抗体；而 O 型血的血清中则同时含有抗 A 和抗 B 两种抗体。
11	组织液是血浆经毛细血管壁滤过到组织间隙而形成的。其生成量主要取决于有效滤过压。生成组织液的有效滤过压 =（毛细血管血压 + 组织液胶体渗透压）-（血浆胶体渗透压 + 组织液静水压）。上述与有效滤过压有关的四个因素变化时，均可影响组织液生成。 （1）毛细血管血压：毛细血管血压升高，有效滤过压增大，组织液生成增多。 （2）血浆胶体渗透压：血浆胶体渗透压降低，有效滤过压增大，组织液生成增多。 （3）毛细血管壁的通透性：在发生烧伤、过敏反应时，毛细血管壁通透性明显升高，一部分血浆蛋白滤出，使组织液胶体渗透压增高，有效滤过压增大，组织液生成增多。 （4）淋巴回流：淋巴系统是否通畅可直接影响组织液回流，如淋巴堵塞时，淋巴回流受阻，淋巴液在组织间隙积聚而形成淋巴水肿。

12	（1）概念：中心静脉压通常指右心房和胸腔内大静脉的压力。 （2）正常值：4 ~ 12 cmH_2O。 （3）临床意义：中心静脉压的高低取决于心脏射血能力和静脉回心血量之间的关系。若心脏射血能力较强，能及时将回流入心脏的血液射入动脉，中心静脉压则较低，相反，若心脏射血能力减弱，中心静脉压则升高；另一方面，若静脉回心血量增多或回流速度加快，中心静脉压也会升高。临床在输液时，若中心静脉压偏低或呈下降趋势，常提示输液量不足；若中心静脉压高于正常值并有进行性升高的趋势，则提示输液过快或心脏射血功能不全。
13	大动脉的弹性扩张和回缩具有缓冲血压的作用。老年人大动脉管壁弹性减小，缓冲血压的功能减弱，导致收缩压升高而舒张压降低。而有一些老年人在大动脉管壁弹性减小的同时，伴有小动脉和微动脉硬化所致的外周阻力增大，故收缩压和舒张压都升高，只是收缩压比舒张压升高更明显。
14	（1）心脏的一次收缩和舒张，构成一个机械活动周期，称为心动周期。 （2）心动周期是心率的倒数，成年人的平均心率为 75 次 / 分，由此可计算出心动周期为 0.8 秒。在一个心动周期中，首先两心房收缩 0.1 秒，继而舒张 0.7 秒；心房收缩结束后，两心室同步收缩 0.3 秒，随后舒张 0.5 秒。心室舒张的前 0.4 秒，心房也处于舒张期，这一时期称为全心舒张期。 （3）心动周期时间的长短随心率的快慢而缩短或延长，当心率加快时，心动周期持续时间缩短，收缩期和舒张期均相应缩短，但舒张期缩短更为明显。因此，心率增快时，心肌工作的时间相对延长，休息时间缩短，这不利于心室的充盈和射血。
15	（1）胸膜腔负压，又称胸内负压，指胸膜腔内的压力，其形成的原因如下： ①胸膜腔是密闭的，腔内仅有少量浆液； ②作用于胸膜腔脏层的两种力分别是肺内压和肺的回缩力，胸膜腔内压 = 肺内压 - 肺回缩压。在吸气末或呼气末，肺内压等于大气压，因而，胸膜腔内压 = 大气压 - 肺回缩压。若以大气压为 0，则：胸膜腔内压 =- 肺回缩压。因此，胸内负压主要是由肺的回缩力所造成的； ③在生长发育过程中，胸廓生长的速度比肺生长快，胸廓的自然容积大于肺的自然容积，故正常情况下，肺总是表现出回缩倾向，因此胸膜腔内压为负值。 （2）胸膜腔负压的意义：使肺经常保持扩张状态，有利于肺泡与血液的气体交换和静脉血与淋巴液的回流。

16	肺表面活性物质的作用是降低肺泡液－气界面的表面张力，这种作用具有重要的生理意义。 （1）有助于维持大小肺泡的稳定性。 （2）减少肺间质和肺泡内的组织液生成，防止肺水肿的发生。 （3）由于降低了表面张力也就降低了弹性阻力，从而降低吸气阻力，减少吸气做功。
17	（1）通气 / 血流比值增大，意味着通气过度或血流不足，使部分肺泡气未能与血液进行充分的气体交换，致使肺泡无效腔增大，肺换气效率下降。 （2）通气 / 血流比值减小，则意味着通气不足或血流过剩，部分血液流经通气不良的肺泡，混合静脉血中的气体未得到充分更新，未能成为动脉血就流回了心脏，犹如发生了功能性动－静脉短路。 因此，无论通气 / 血流比值增大或减小，都妨碍了有效的气体交换，使肺换气效率降低，导致血液缺 O_2 或 CO_2 潴留。
18	呼吸的目的是进行气体交换，而机体与外界环境之间进行气体交换的场所在肺泡。由于无效腔的存在，肺泡通气量比肺通气量更重要，其反映了真正有效的通气量。在潮气量减半和呼吸频率加倍或潮气量加倍而呼吸频率减半时，肺通气量保持不变，但是肺泡通气量却会发生明显变化，深而慢呼吸时的肺泡通气量明显高于浅而快呼吸时的肺泡通气量，故深而慢的呼吸比浅而快的呼吸对人体更有效。
19	肺顺应性是指肺在外力作用下弹性组织的可扩张性，是衡量肺弹性阻力大小的指标，二者呈反变关系，即肺顺应性大，弹性阻力小。肺弹性阻力是吸气的阻力和呼气的动力，因此，当肺顺应性过分减小即肺弹性阻力增大时，患者将出现吸气困难，而肺顺应性过分增大即肺弹性阻力降低时，将导致呼气时肺不易回缩，出现呼气困难，故肺顺应性过分减小或增大都对呼吸活动不利。
20	（1）盐酸：可激活胃蛋白酶原为胃蛋白酶，提供适宜的酸性环境；杀灭随食物进入胃的细菌；使食物蛋白质变性而易于消化；促进胰液、胆汁分泌；促进钙、铁的吸收。 （2）胃蛋白酶原：在酸性环境下激活变成胃蛋白酶，可水解蛋白质为胨、胨、少量多肽及游离氨基酸；胃蛋白酶也可反过来激活胃蛋白酶原。 （3）黏液：具有润滑作用，并与碳酸氢盐构成黏液－碳酸氢盐屏障，有保护胃黏膜的作用。 （4）内因子：保护维生素 B_{12} 不被消化液破坏，促进维生素 B_{12} 在回肠的吸收。

21	（1）胃排空：食糜由胃内排入十二指肠的过程。 （2）影响胃排空的因素： ①胃内容物对胃的扩张刺激，可加速胃排空； ②胃的扩张刺激及食物的某些成分引起胃窦部黏膜释放胃泌素，胃泌素刺激胃运动，有利于增加胃内压，但因胃泌素同时又能增强幽门括约肌收缩，所以综合效果是延缓胃排空； ③肠－胃反射：十二指肠壁上存在多种感受器，酸、脂肪、渗透压及机械扩张，都可刺激这些感受器，反射性地抑制胃运动，引起胃排空减慢； ④十二指肠产生的激素抑制胃排空：当过量的食糜，特别是酸或脂肪由胃进入十二指肠后，可引起小肠黏膜释放促胰液素、抑胃肽和缩胆囊素等，抑制胃运动，延缓胃排空。
22	（1）神经调节：食物的性状、气味以及食物对口腔、食管、胃和小肠的刺激都可通过神经反射引起胰液分泌，反射的传出神经主要是迷走神经，主要作用于胰腺的腺泡细胞。迷走神经兴奋引起的胰液分泌表现为水分和碳酸氢盐的含量少，酶含量却很丰富。 （2）体液调节：主要包括促胰液素和缩胆囊素。 ①促胰液素：主要由小肠上段黏膜 S 细胞产生，盐酸是刺激其释放的最强因素。促胰液素主要作用于胰腺小导管上皮细胞，促进细胞分泌大量的水分和碳酸氢盐，显著增加胰液的分泌量，但酶含量却很低。 ②缩胆囊素（CCK）：由十二指肠及空肠黏膜的 I 细胞产生，蛋白质分解产物是刺激其释放的最强因素。CCK 作用于胰腺腺泡细胞，促进细胞各种酶的释放，引起含酶量丰富的胰液分泌，故又称为促胰酶素。
23	抗利尿激素的作用主要是提高远曲小管和集合管上皮细胞对水的通透性，促进水的重吸收，使尿液浓缩，尿量减少，发挥抗利尿作用。其分泌主要受血浆晶体渗透压和循环血量的影响。 （1）血浆晶体渗透压：位于下丘脑的渗透压感受器对血浆晶体渗透压变化十分敏感，血浆晶体渗透压升高，对渗透压感受器的刺激增强，抗利尿激素分泌增多；反之，抗利尿激素分泌减少。 （2）循环血量：当循环血量改变时，可刺激容量感受器反射性地调节抗利尿激素的释放。血量过多时，容量感受器沿迷走神经传入冲动增多，抑制了下丘脑－神经垂体系统，使抗利尿激素释放减少；反之，循环血量减少时，抗利尿激素释放增加。

24	尿的生成部位为肾单位和集合管，其生成过程包括三个环节。 （1）肾小球的滤过作用：当血液流经肾小球毛细血管时，血液中的水分和小分子溶质透过肾小球滤过膜而进入肾小囊腔形成肾小球滤液，即原尿。 （2）肾小管和集合管的重吸收：原尿进入肾小管后称为小管液。重吸收是指小管液中的物质通过小管上皮细胞进入周围毛细血管的过程，肾小管各段和集合管对不同物质的重吸收具有选择性。 （3）肾小管和集合管的分泌和排泄：是指小管上皮细胞把某些物质排入管腔的过程。通过以上三个环节，最终生成经膀胱排出的终尿。
25	肾小管的重吸收是指原尿流经肾小管和集合管时，其中的水和溶质透过肾小管管壁上皮细胞重新回到血液中的过程。影响肾小管重吸收的因素有： （1）小管液中溶质的浓度：溶质浓度大，肾小管重吸收水分减少，尿量增多。 （2）肾小球滤过率：肾小管（主要是近端小管）的重吸收率始终占滤过率的65% ~ 70%。 （3）肾小管上皮细胞的功能状态。 （4）激素的作用：如抗利尿激素释放增多时，可促进远曲小管和集合管对水的重吸收。
26	肾素由肾脏的球旁细胞分泌，当体内循环血量减少，使肾血流量减少时，球旁细胞分泌的肾素增多。其对机体水盐平衡的调节作用如下： 肾素可使血浆中的血管紧张素原转变为血管紧张素Ⅰ，后者进而转变成血管紧张素Ⅱ，再转变成血管紧张素Ⅲ，血管紧张素Ⅱ和血管紧张素Ⅲ都有促进肾上腺皮质分泌醛固酮的作用，醛固酮可促进肾小管保水保钠排钾，使循环血量得以恢复，血中 Na^+、K^+ 比例得以保持。
27	机体散热的主要部位是皮肤，散热的方式包括辐射、传导、对流、蒸发。 （1）辐射散热：机体通过热射线的方式将体热传给外界较冷物质的一种散热方式。散热量取决于皮肤与周围环境之间的温度差和机体的有效散热面积。 （2）传导散热：机体的热量直接传给与之接触的温度较低的物体的一种散热方式。传导散热量取决于皮肤与接触物体之间的温度差、接触面积及接触物体的导热性能等。 （3）对流散热：通过气体流动而实现热量交换的一种散热方式。散热量取决于皮肤与周围环境之间的温度差以及机体的有效散热面积，此外，风速也对散热量有较大影响。 （4）蒸发散热：水分从体表汽化时吸收热量而散发体热的一种方式。包括不感蒸发和发汗两种方式。当环境温度高于皮肤表层温度时，蒸发散热是机体唯一的散热方式。环境温度、湿度及机体活动程度等因素均可影响机体发汗的量和速度。

28	正常眼看近物时产生三种调节活动，即晶状体变凸、瞳孔缩小和视轴会聚。 （1）晶状体变凸：看近物时，可反射性地引起睫状肌收缩，导致连接于晶状体囊的悬韧带松弛，晶状体由于其弹性而变凸，折光能力增强，于是物像前移，成像在视网膜上。 （2）瞳孔缩小：看近物时，可反射性地引起双侧瞳孔缩小。这种反应可减少入眼的光线量和减少折光系统的球面像差和色像差，使视网膜形成的物像更清晰。 （3）视轴会聚：双眼注视近物时，发生两眼球内收及视轴向鼻侧聚拢的现象，使成像于两眼视网膜的相称点上，产生单一视觉，避免复视。
29	（1）形成方式不同：非条件反射是先天的、遗传的、不需要学习就可以出现的反射；条件反射是在非条件反射的基础上，经过后天学习训练获得。 （2）反射弧特点不同：非条件反射不需要大脑皮层参与，是一种低级的神经活动，其反射弧较为固定、简单且数量有限；条件反射需要大脑皮层的参与，属于高级神经活动，反射弧较复杂、易变且可以无限地建立，也可以消退。 （3）生理意义不同：非条件反射的生理意义是维持机体生存和种族繁衍，并为条件反射提供基础；条件反射的生理意义则在于使机体更好地适应环境。
30	（1）脊休克指脊髓与高位中枢离断后，断面以下的脊髓在一段时间内暂时丧失反射活动能力，进入无反应状态的现象。 （2）脊休克产生的原因是断面以下的脊髓突然失去了高位中枢的调节，因此表现出断面以下的脊髓躯体反射和脊髓内脏反射活动均减弱或消失。发生脊休克后，以脊髓为基本中枢的反射可逐渐恢复，恢复的快慢与脊髓反射依赖于高位中枢的程度有关，低等动物、较简单的和较原始的反射恢复较早，但离断面以下的知觉和随意动作将永久丧失。 （3）脊休克的产生和恢复说明脊髓可以独立完成某些简单的反射活动，但这些反射平时受高位中枢的控制而不易表现出来，脊休克恢复后，通常是伸肌反射减弱而屈肌反射增强，说明高位中枢平时具有易化伸肌反射和抑制屈肌反射的作用。
31	（1）去大脑僵直是指在中脑上、下丘之间切断脑干的动物，出现四肢伸直、头尾昂起、脊柱挺硬，表现出抗重力肌的肌紧张加强的现象。 （2）产生机制：脑干通过脑干网状结构的下行抑制系统和下行易化系统调节肌紧张而实现对躯体运动的调节。正常情况下，脑内对肌紧张的易化作用和抑制作用相互对抗而取得相对平衡，从而维持了正常的肌紧张。但在中脑上、下丘之间切断脑干后，脑干网状结构的抑制区失去了来自大脑皮层运动区和纹状体的传入冲动，使网状结构下行抑制系统的活动大为减弱，从而导致网状结构下行易化系统的活动占绝对优势，使肌紧张增强，出现去大脑僵直。

<table>
<tr><td>32</td><td>（1）牵张反射是指有完整神经支配的骨骼肌在受到外力牵拉而伸长时，反射性地引起被牵拉的同一肌肉收缩的活动。
（2）基本过程：当肌肉受外力牵拉而使肌梭感受装置被拉长时，螺旋形末梢发生变形而引起Ⅰa类纤维传入冲动增加，肌梭的传入冲动增加可引起支配同一肌肉的 α 运动神经元兴奋，使梭外肌收缩，从而形成一次牵张反射。
（3）牵张反射表现为两种类型：腱反射和肌紧张。腱反射是指快速牵拉肌腱时发生的牵张反射，肌紧张是指缓慢、持续牵拉肌腱时发生的牵张反射。</td></tr>
<tr><td>33</td><td>
<table>
<tr><th>胆碱能受体种类</th><th>存在部位</th><th>生理效应</th></tr>
<tr><td>M</td><td>大多数副交感神经节后纤维支配的效应器上，如心血管、胃肠道、眼、腺体、膀胱逼尿肌等；少数交感神经节后纤维支配的效应器上，如小汗腺和骨骼肌血管平滑肌</td><td>瞳孔括约肌收缩；心脏活动抑制；呼吸道平滑肌收缩；消化腺分泌增加，消化道运动增强，消化道括约肌舒张；膀胱逼尿肌收缩；汗腺分泌增加；骨骼肌血管平滑肌舒张</td></tr>
<tr><td>N_1</td><td>中枢神经系统和自主神经节的突触后膜上</td><td>自主神经节后神经元兴奋，使交感神经、副交感神经节后纤维均兴奋</td></tr>
<tr><td>N_2</td><td>骨骼肌运动终膜板上</td><td>骨骼肌收缩</td></tr>
</table>
</td></tr>
<tr><td>34</td><td>（1）生长激素在生长发育过程中起关键性作用，可促进全身组织器官的生长，尤其是对骨骼、肌肉及内脏器官的作用显著。在长骨骺闭合前，生长激素直接刺激骨生长，促进骨的纵向生长。人幼儿期生长激素分泌不足，将出现生长停滞、身材矮小，称为侏儒症。
（2）甲状腺激素是维持机体正常生长发育所必需的激素之一，特别是对脑和骨的发育尤为重要。胚胎时期碘缺乏使甲状腺激素合成不足或出生后甲状腺功能低下的婴幼儿，都可表现出神经系统发育明显障碍、骨骼的发育与成熟延迟，出现明显的智力低下，身材矮小等症状，称为呆小症或克汀病。</td></tr>
</table>

拓展篇

题号	参考答案
1	（1）被动转运：某些物质顺浓度梯度或电位梯度跨过细胞膜，且不消耗能量的转运方式。被动转运包括以下两种。 ①单纯扩散：是溶质分子直接穿过细胞膜由高浓度区域向低浓度区域净移动的现象。由于细胞膜为一种脂质膜，故转运的物质主要是 O_2 和 CO_2 等脂溶性气体分子，此外，一些小分子水溶性物质如水、甘油、乙醇等也可以此种方式转运。 ②易化扩散：指某些非脂溶性或脂溶程度较小的物质，在特殊蛋白质的帮助下顺浓度梯度或电位梯度在膜两侧进行扩散的过程。易化扩散包括经通道介导的易化扩散和经载体介导的易化扩散，前者转运的物质是 K^+、Na^+、Ca^{2+} 等带电离子，后者主要是负责葡萄糖、氨基酸等物质的转运。 （2）主动转运：某些物质在膜蛋白的帮助下，逆电－化学梯度跨膜转运的方式。按照膜蛋白在转运物质时是否直接分解 ATP 消耗能量，主动转运可分为原发性主动转运和继发性主动转运。前者直接利用 ATP 水解产生的能量，介导这一过程的膜蛋白称为离子泵；后者的能量来源于原发性主动转运所形成的离子浓度梯度，如葡萄糖在小肠上皮黏膜的吸收和在肾小管的重吸收均属于继发性主动转运。 （3）出胞和入胞：某些大分子物质或团块物质进出细胞膜的方式。如内分泌腺细胞分泌激素及神经末梢释放递质均是通过出胞作用；入胞则与出胞方向相反，入胞物质若为固体称吞噬，若为液体称吞饮。
2	在血管无明显损伤或破裂的情况下，心血管内也经常有少量的纤维蛋白形成，说明在心血管系统正常时也会发生凝血过程。然而，在正常机体内血液并没有凝固而是处于流动状态，其原因有如下几方面： （1）心血管内皮光滑完整，因子Ⅻ不易被激活，从而防止引起内源性凝血，此外，也可防止因子Ⅲ进入血液而引起外源性凝血；同时还可防止血小板的黏附、聚集和释放作用，使凝血过程不易发生。 （2）纤维蛋白溶解系统的活动，可迅速溶解所形成的少量纤维蛋白。 （3）正常血浆中存在着肝素、抗凝血酶Ⅲ等生理性抗凝物质，使凝血过程发生极为缓慢。 （4）血流迅速，可使血浆中某些被激活的凝血因子迅速得到稀释，并被网状内皮细胞吞噬清除。

<table>
<tr><td>3</td><td>贫血的发生可概括为红细胞生成不足、破坏过多和大量丢失三个方面的原因。
（1）红细胞生成不足：
①铁缺乏可引起缺铁性贫血；
②缺乏叶酸或维生素 B_{12} 导致巨幼红细胞性贫血，因维生素 B_{12} 的吸收需要内因子，所以胃壁细胞的大量破坏或胃大部分切除，回肠远端病变或切除均可因维生素 B_{12} 缺乏导致巨幼红细胞性贫血；
③由于物理、化学和生物等因素损害红骨髓，造血干细胞可发生质的异常和量的减少，或造血微环境的缺陷，可引起再生障碍性贫血；
④肾脏病变可因促红细胞生成素（EPO）缺乏而导致肾性贫血。
（2）红细胞破坏过多：脾功能亢进可引起红细胞破坏增多而出现脾性贫血；某些情况下，母亲的血型抗体进入胎儿体内可引起新生儿溶血性贫血。
（3）红细胞大量丢失：急性红细胞大量丢失可引起失血性贫血。</td></tr>
<tr><td>4</td><td>心室肌细胞动作电位分为 0、1、2、3、4 五个时期：
（1）0 期（去极化期）：在适宜刺激作用下，膜内电位由 −90 mV 迅速上升到 +30 mV 左右，形成动作电位的上升支。形成机制：在刺激作用下，膜上的钠通道部分开放，少量 Na^+ 内流，使膜部分去极化；当去极化达到阈电位水平时，大量钠通道被激活开放，Na^+ 迅速内流，膜内电位急剧上升。
（2）1 期（快速复极化初期）：膜内电位由 +30 mV 迅速回到 0 mV 左右。形成机制：Na^+ 通道失活，Na^+ 内流停止，K^+ 外流导致快速复极化。
（3）2 期（平台期）：膜电位基本停滞于接近 0 mV 的水平。形成机制：Ca^{2+} 缓慢持久地内流，抵消了 K^+ 外流的作用，因而膜电位基本上稳定于 0 mV 左右。
（4）3 期（快速复极化末期）：Ca^{2+} 通道失活关闭，Ca^{2+} 内流停止，K^+ 外流增强导致膜的快速复极化。
（5）4 期（静息期）：通过细胞膜上的 Na^+–K^+ 泵、Na^+–Ca^{2+} 交换体以及 Ca^{2+} 泵的活动，使细胞内外离子浓度恢复至原先水平。</td></tr>
<tr><td>5</td><td>
<table>
<tr><th rowspan="2">心动周期分期</th><th colspan="3">心房、心室、动脉的压力比较</th><th colspan="2">瓣膜开闭</th><th rowspan="2">血流方向</th><th rowspan="2">心室容积</th></tr>
<tr><th>心房</th><th>心室</th><th>动脉</th><th>房室瓣</th><th>动脉瓣</th></tr>
<tr><td>等容收缩期</td><td colspan="3">房内压<室内压<动脉压</td><td>关闭</td><td>关闭</td><td>无</td><td>不变</td></tr>
<tr><td>快速射血期</td><td colspan="3">房内压<室内压>动脉压</td><td>关闭</td><td>开启</td><td>心室→动脉</td><td>快速减小</td></tr>
<tr><td>减慢射血期</td><td colspan="3">房内压<室内压<动脉压</td><td>关闭</td><td>开启</td><td>心室→动脉</td><td>缓慢减小</td></tr>
<tr><td>等容舒张期</td><td colspan="3">房内压<室内压<动脉压</td><td>关闭</td><td>关闭</td><td>无</td><td>不变</td></tr>
<tr><td>快速充盈期</td><td colspan="3">房内压>室内压<动脉压</td><td>开启</td><td>关闭</td><td>心房→心室</td><td>快速增大</td></tr>
<tr><td>减慢充盈期</td><td colspan="3">房内压>室内压<动脉压</td><td>开启</td><td>关闭</td><td>心房→心室</td><td>缓慢增大</td></tr>
<tr><td>心房收缩期</td><td colspan="3">房内压>室内压<动脉压</td><td>开启</td><td>关闭</td><td>心房→心室</td><td>增大</td></tr>
</table>
</td></tr>
</table>

6	心肌细胞每产生一次兴奋，膜电位发生一系列有规律的变化，兴奋性也随之发生相应的周期性改变，现以心室肌细胞为例进行说明。 （1）有效不应期：包括绝对不应期和局部反应期。在绝对不应期，钠通道处于失活状态，细胞兴奋性为零，刺激阈值无限大；在局部反应期，钠通道开始复活，给予强的刺激，可以引起局部反应，但不能引起动作电位。 （2）相对不应期：有相当数量的钠通道复活，但细胞的兴奋性仍低于正常，给予阈上刺激，可使细胞再次兴奋。 （3）超常期：钠通道已经基本复活，且膜电位与阈电位的差距小于正常，故细胞兴奋性高于正常，给予阈下刺激，便可使细胞再次兴奋。 心肌细胞的有效不应期特别长，相当于心肌机械收缩过程的整个收缩期和舒张早期。心肌细胞只有在舒张早期之后，才有可能在受到有效刺激作用时发生兴奋和收缩。因此心肌不可能发生完全强直收缩。从而保证了心脏的收缩和舒张过程可以交替进行，有利于心室的充盈和射血。
7	血液中的 CO_2 对正常呼吸是一种生理性刺激物。动脉血 PCO_2 在一定范围升高时，呼吸运动加强，反之，呼吸运动减弱。当动脉血 PCO_2 升高时，可通过以下两条途径，使得呼吸运动加强。 （1）动脉血 PCO_2 升高：CO_2 扩散通过血 – 脑屏障进入脑脊液，CO_2 和 H_2O 结合生成 H_2CO_3，后者解离生成 HCO_3^- 和 H^+，H^+ 刺激延髓中枢化学感受器，使得呼吸中枢活动增强，呼吸运动加强，呼吸加深加快。 （2）动脉血 PCO_2 升高：刺激颈动脉体、主动脉体外周化学感受器，使得呼吸中枢活动增强，呼吸运动加强。 CO_2 对呼吸的调节以中枢化学感受器的作用为主。而当动脉血中 PCO_2 过低，对呼吸中枢的刺激作用减弱，将使呼吸运动减弱甚至形成呼吸暂停。
8	（1）大量出汗或严重呕吐腹泻，尿量减少：当机体大量出汗、严重呕吐或腹泻导致失水时，可致血浆晶体渗透压升高，抗利尿激素合成、释放增多，使远曲小管和集合管对水的重吸收明显增加，导致尿液浓缩，尿量减少。 （2）大量饮清水，尿量增多：当饮入大量清水，血浆晶体渗透压下降，对渗透压感受器刺激减弱，抗利尿激素合成、释放减少，远曲小管和集合管对水的重吸收减少，引起尿液稀释，尿量增多。 （3）大量静注生理盐水，尿量增多：大量静注生理盐水对血浆晶体渗透压影响不大，但可使血容量增加，从而稀释血液，致血浆胶体渗透压下降，导致有效滤过压增大，滤过率增加；另一方面是血容量增加，容量感受器兴奋，反射性抑制抗利尿激素的合成与释放，使远曲小管和集合小管对水的通透性降低，水重吸收减少，故尿量增多。

9	（1）将高热患者置于凉爽的地方或在室内放置冰块降低室温，以加强辐射散热。 （2）将凉毛巾置于高热患者大血管走行处及头部以加强传导散热。 （3）将高热患者置于通风的地方或开门开窗，加快室内空气流动，以加强对流散热。 （4）给高热患者医用酒精擦浴以加强蒸发散热。 （5）服用退热药以降低调定点温度，增加散热，减少产热。
10	（1）甲亢的患者，其甲状腺功能增强，血中甲状腺激素水平升高，增加机体产热量并使基础代谢率提高，患者出现喜凉怕热。 （2）大量的甲状腺激素促进蛋白质分解，患者可出现肌肉消瘦无力。 （3）甲状腺激素还可促进糖的吸收，增强糖原分解，饭后使血糖升高，超过肾糖阈，出现糖尿。 （4）甲状腺激素亦可直接作用于心脏，提高心率，并可提高中枢神经系统兴奋性，故患者出现烦躁不安的现象。

第四部分 分析论述题

题号	参考答案
1	（1）一次献血 200 ml，占总血量 10% 以下，机体可以通过神经、体液调节维持血压的相对稳定。 ①血量减少，血压降低，颈动脉窦、主动脉弓压力感受器感受的刺激减弱，从而反射性引起心交感神经、缩血管神经兴奋，心迷走神经抑制，进而引起心脏活动加强，心输出量增加，血管收缩，外周阻力增加，血压回升； ②循环血量减少，交感神经兴奋，肾上腺素、去甲肾上腺素、血管紧张素、抗利尿激素等释放增加，作用于心血管，使心输出量增加，外周阻力增加，对抗失血引起的血压下降； ③血容量减少，肾缺血缺氧，使肾素－血管紧张素－醛固酮系统活动增强，肾小管对钠、水重吸收增加，尿量减少，使循环血量恢复； ④循环血量减少，交感缩血管神经兴奋，微循环毛细血管血压下降，组织液生成减少，回流增多，促进循环血量恢复，从而使血压维持相对稳定。 （2）为保证输血安全，输血前首先应当鉴定血型，要确保输入的红细胞不被受血者的血清所凝集破坏，同时也要避免输入的血型抗体不要破坏受血者的红细胞，因此首选同型输血。只有在无法得到同型血的紧急情况下，才可考虑进行异型输血，如将 O 型血输给 A、B 和 AB 型受血者，将 A、B 和 O 型血输给 AB 型受血者。异型输血时要注意少量、慢速输入以便让输入的抗 A、抗 B 抗体可被受血者血浆所稀释，浓度下降，尚不致发生危险。在输血前即使是同型输血也要进行交叉配血试验，这样既可检验血型鉴定是否有误，又能发现供血者和受血者的红细胞或血清中是否还存在其他不相容的血型抗原或血型抗体。此外，还应提倡成分输血和自身输血以增强治疗的针对性，提高疗效，减少不良反应。
2	（1）加快血液凝固的方法： ①向血液中加入 Ca^{2+}，因为在凝血反应的多个环节中均需要 Ca^{2+} 参与； ②让血液接触粗糙面，如用纱布压迫出血组织，这是因为粗糙面有利于血小板黏附、聚集和释放，从而发挥其凝血功能； ③适当加温，如用温盐水纱布止血，因大部分凝血因子为酶类，当温度在一定范围内升高时有利于提高凝血因子的活性，从而加速凝血； ④当维生素 K 不足，如肝脏有疾病或脂溶性维生素吸收不良时，可产生出血倾向，故常在术前注射维生素 K，以加速凝血。 （2）延缓血液凝固的方法： ①加 Ca^{2+} 络合剂，去除游离的 Ca^{2+}，如草酸钾、枸橼酸钠； ②血液接触光滑面，如内面涂硅胶的试管，不利于凝血因子激活和血小板发挥作用； ③降低温度，使凝血因子的活性降低； ④应用抗凝剂，如肝素、抗凝血酶Ⅲ。因为抗凝血酶Ⅲ可使凝血酶等失活，而肝素可加强抗凝血酶Ⅲ的作用。

3	心输出量等于每搏输出量与心率的乘积。因此，凡能影响每搏输出量和心率的因素均可影响心输出量。 （1）每搏输出量对心输出量的影响：当心率不变时，每搏输出量增加，心输出量增加；反之，心输出量减少。影响每搏输出量的因素有心肌前负荷、心肌后负荷和心肌收缩能力三种。 ①心肌前负荷：相当于心室舒张末期的容积，其大小取决于心室舒张末期充盈的血量。而心室舒张末期充盈的血量等于静脉回心血量与心室射血后剩余血量的总和，多数情况下，静脉回心血量是决定前负荷的主要因素。在一定范围内，静脉回流量增加时，心室舒张末期容积增加，则心肌初长度增加，心肌收缩力增强，每搏输出量增多，心输出量增多；反之，心肌前负荷减小时，心肌收缩力减弱，搏出量减少，心输出量减少。 ②心肌后负荷：相当于大动脉血压。在其他因素不变的条件下，动脉血压升高，心肌后负荷增大，心室射血受阻，引起等容收缩期延长，射血期缩短，射血速度减慢，每搏输出量减少。但是在整体情况下，当动脉血压在 80 ～ 170 mmHg 范围内变化时，由于搏出量减少使心室舒张末期容积增大，通过异常自身调节使心肌收缩力增强，搏出量增大，心输出量无明显改变。只有当动脉血压高于 170 mmHg 时，心输出量才开始下降。 ③心肌收缩能力：心肌不依赖于前、后负荷而改变其收缩功能的内在特性，称为心肌收缩能力。心肌收缩能力增强，搏出量增加，心输出量增多；反之，搏出量减少，心输出量减少。心肌收缩能力的大小受神经和体液因素的调节。 （2）心率对心输出量的影响： 心率在一定范围内（40 ～ 180 次 / 分）加快，心输出量增多；反之，心输出量减少。超出这一范围时，心输出量减少，具体机制如下： ①心率过快时（＞180 次 / 分），心动周期缩短，特别是心舒期明显缩短，心室充盈血量不足，搏出量明显减少，使心率与搏出量的乘积减小，心输出量减少； ②心率过慢时（＜40 次 / 分），由于心舒期延长使心室充盈血量达到极限，心舒期的延长已不能进一步增加充盈量和搏出量，心输出量仍然减少。
4	（1）动脉血压形成机制： ①基础条件：心血管系统内有足够的血液充盈； ②必要条件：心脏射血和外周阻力的作用； ③维持因素：大动脉的弹性贮器作用，一方面可以缓冲动脉血压变化；另一方面可使心脏间断射血转变为动脉持续血流。 （2）影响动脉血压的因素： ①搏出量：搏出量增加时，主要引起收缩压明显升高； ②心率：心率加快，主要引起舒张压明显升高； ③外周阻力：外周阻力加大，主要引起舒张压明显升高。舒张压的大小主要反映外周阻力的大小； ④大动脉管壁弹性：大动脉管壁弹性降低，对血压的缓冲作用减弱，收缩压升高而舒张压降低，脉压明显增大； ⑤循环血量与血管系统容量的比例：循环血量减少，血管容积不变，或循环血量不变，血管容积增加时，引起体循环平均充盈压降低，静脉回心血量减少，心脏搏出量减少，动脉血压降低。

5	（1）成年人的血液占体重的 7% ~ 8%，即每千克体重有 70 ~ 80 ml 血量，由此可计算该男的献血量约占其总血量的 8%。该男子爱心献血量 < 其总血量（4.9 ~ 5.6 L）的 10%，为少量失血，机体通过代偿，无明显临床症状。 （2）该男士出现心率加快的现象可从三个方面进行解释。 ①应急反应：失血时，引起机体交感神经兴奋，肾上腺髓质分泌肾上腺素、去甲肾上腺素增多，引起心脏兴奋效应，导致心率加快； ②减压反射减弱：失血时，血容量减少，对颈动脉窦的刺激减弱，舌咽神经上传冲动减少，延髓心交感中枢兴奋，心迷走中枢抑制，引起心交感神经兴奋，其节后神经末梢释放去甲肾上腺素，与心肌细胞膜上 β_1 受体结合，引起心率加快； ③肾素 - 血管紧张素系统活动加强：失血时，循环血量减少，引起肾脏球旁细胞分泌肾素，肾素使血管紧张素原转变为血管紧张素 I，血管紧张素 I 刺激肾上腺髓质分泌肾上腺素、去甲肾上腺素，引起心率加快。
6	颈动脉窦与主动脉弓血管外膜下有丰富的感觉神经末梢，其分支末端膨大呈卵圆形，分别称为颈动脉窦、主动脉弓压力感受器。该压力感受器通过反射性调节，从而维持动脉血压的相对稳定，此调节过程为负反馈，具体机制如下： （1）当动脉血压升高时，管壁被扩张，刺激了压力感受器，使其发放冲动频率增高，分别经窦神经和迷走神经传入延髓心血管中枢，使心交感中枢和交感缩血管中枢紧张性降低，而心迷走中枢紧张性增高，从而导致心率减慢，心肌收缩力减弱、心排出量减少，同时因交感缩血管神经紧张性减弱，使血管舒张，外周循环阻力降低，致血压下降。 （2）当动脉血压下降时，压力感受器受到的刺激减弱，传入神经冲动减少，使心交感中枢和交感缩血管中枢紧张性活动加强，而心迷走中枢活动减弱，从而使心率加快、心肌收缩力加强、心排出量增加，阻力血管收缩，外周阻力增大，血压回升。
7	（1）心交感神经兴奋，心交感神经节后纤维释放去甲肾上腺素，作用于心肌细胞膜上的 β_1 受体，使心脏的活动加强，表现为心率加快、心肌收缩力增强、房室传导速度加快。 （2）交感缩血管神经兴奋，阻力血管小动脉和微动脉收缩，外周阻力增加，血压升高。 （3）交感神经兴奋，肾脏产生的肾素增多，肾素可激活肾素 - 血管紧张素 - 醛固酮系统，在此过程中产生的血管紧张素Ⅱ可直接收缩全身微动脉，升高血压，还可促进交感神经末梢释放递质和刺激肾上腺皮质球状带分泌醛固酮，后者可引起水钠潴留，从而使循环血量增加，血压升高。 （4）交感神经兴奋引起肾上腺髓质分泌肾上腺素和去甲肾上腺素。肾上腺素主要增强心脏的泵血能力，也可使血压升高；去甲肾上腺素主要使血管收缩，外周阻力增加，引起血压升高。

8	患者失血后，因循环血量减少，回心血量降低，心室舒张末期的充盈量减少，心室的前负荷减小，心肌收缩力减弱，从而导致搏出量减少，动脉血压降低，但动脉血压的降低，可通过降压反射引起心交感神经和交感缩血管神经紧张性增强，心迷走神经紧张性减弱，从而使心率加快、心肌收缩力增大，外周阻力增大，再者，静脉系统尤其是小静脉的收缩，可以增加静脉回心血量，在以上这些代偿性的调节作用下，动脉血压不致发生明显改变，仍维持在正常范围。其中心率加快和外周阻力增大的代偿作用，使舒张压降低不明显，脉压减小。患者面色苍白是由于外周小动脉收缩，尤其是皮肤小动脉的收缩，使得流经皮肤的血流减少，从而造成皮肤苍白。
9	（1）吸入的 CO_2 浓度增加，动脉血 PCO_2 也随之升高，使呼吸加深加快，肺通气量增加。其作用途径为：通过刺激中枢化学感受器和外周化学感受器，从而兴奋呼吸中枢，反射性地使呼吸加深加快，从而增加肺通气。其中刺激中枢化学感受器是主要途径。 （2）H^+ 浓度增加，呼吸加深加快，肺通气量增加。其作用途径为：血液中 H^+ 浓度升高通过刺激外周化学感受器，使呼吸加强。脑脊液中的 H^+ 浓度升高则通过刺激中枢化学感受器，使呼吸加强。 （3）动脉血 PO_2 降低可通过刺激外周化学感受器从而间接兴奋呼吸中枢，使呼吸增强，肺通气量增加，但低 O_2 对呼吸中枢的直接作用是抑制。其作用途径和对呼吸的影响与缺氧的程度有关。 ①通常在轻、中度缺 O_2 的情况下，通过外周化学感受器兴奋呼吸中枢的作用超过低 O_2 对呼吸中枢的抑制作用，使呼吸中枢兴奋，呼吸加强，肺通气量增加； ②严重缺 O_2 时，来自外周化学感受器的兴奋作用不足以抵消低 O_2 对呼吸中枢的抑制作用，将导致呼吸抑制。
10	（1）静脉快速输入大量生理盐水后，尿量增加。其机制如下： ①静脉输入大量生理盐水后，血液被稀释→血浆蛋白浓度降低→血浆胶体渗透压降低→肾小球有效滤过压升高→肾小球滤过率增加→尿量增加； ②静脉输入大量生理盐水后，血浆量增加→肾血浆流量增加→肾小球毛细血管中血浆胶体渗透压上升速度减慢→滤过平衡点靠近出球小动脉端→有滤过作用的肾小球毛细血管的长度增加→肾小球滤过率上升→尿量增加； ③静脉输入大量生理盐水后血容量增加→对心肺感受器的刺激作用增加→心肺感受器受刺激而兴奋，冲动经迷走神经传到中枢，抑制抗利尿激素的合成、释放→肾脏远曲小管和集合管对水的重吸收减少→尿量增加； ④静脉输入大量生理盐水后，血容量增加→对心房壁容量感受器的刺激作用增强→容量感受器受刺激而兴奋，冲动经迷走神经传到中枢→经中枢整合后，使肾交感神经的紧张性降低→肾小动脉舒张，由于分布在入球小动脉管壁上的交感神经末梢更紧密，所以入球小动脉的舒张更为明显→肾小球毛细血管的血流量增加，血压升高→肾小球的有效滤过压升高→肾小球滤过率增加→尿量增加。 （2）静脉注射高渗葡萄糖后，可导致渗透性利尿而使尿量增多。其机制如下：静脉注射高渗葡萄糖→血糖升高，超过肾小管对葡萄糖的重吸收限度→部分葡萄糖留在小管液→小管液溶质浓度升高→小管液渗透压升高→水的重吸收减少→尿量增多。

11	（1）有效滤过压：有效滤过压升高时，肾小球滤过率增加，反之，则肾小球滤过率减少。有效滤过压 = 肾小球毛细血管血压 -（血浆胶体渗透压 + 肾小囊内压）。凡能影响这三者的因素，均能使有效滤过压发生改变，从而影响肾小球滤过率。 ①肾小球毛细血管血压：当动脉血压在 80 ~ 180 mmHg 范围波动时，通过自身调节使肾小球毛细血管血压保持相对稳定，肾小球滤过率基本不变。当动脉血压低于 80 mmHg，如大失血时，交感神经兴奋，肾血管收缩，肾血流量减少，肾小球毛细血管血压降低，有效滤过压降低，肾小球滤过率下降，表现为少尿。当动脉血压降至 40 mmHg 以下时，肾小球滤过率下降到零，尿生成停止，出现无尿； ②血浆胶体渗透压：某些疾病可导致血浆蛋白浓度明显降低，或因静脉输入大量生理盐水，血浆蛋白被稀释导致血浆胶体渗透压下降，有效滤过压增加，肾小球滤过率增加，尿量增加； ③肾小囊内压：囊内压正常情况下变化不大，当肾盂或者输尿管结石等原因导致尿路阻塞时，会使囊内压增加，有效滤过压下降，肾小球滤过率下降，尿量减少。 （2）滤过膜的面积和通透性：正常情况下，滤过膜面积相对稳定。生病时，如急性肾小球肾炎引起肾小球毛细血管的管腔变窄，有效滤过面积减少，则滤过率下降，出现少尿或无尿。而滤过膜的通透性出现异常改变时，将导致尿液的性质发生变化，如滤过膜上带负电荷的糖蛋白减少时，由于电荷屏障减弱，滤过膜通透性增大，血浆蛋白滤出，可出现蛋白尿或血尿。 （3）肾血浆流量：肾血浆流量通过改变滤过平衡点的位置使有效滤过面积发生改变，进而影响肾小球滤过率。当肾血浆流量增加时，血浆胶体渗透压上升速度减慢，滤过平衡点向出球小动脉端移动，使有效滤过面积增大，肾小球滤过率升高，尿量增加。
12	（1）人体处于寒冷环境中，有体温下降的趋势。可通过增加衣着保暖，进食摄能，跑跳活动等行为性调节增加产热。但更主要的是通过自主性调节，使对冷刺激敏感的皮肤冷感受器发放冲动增加，传到视前区 - 下丘脑前部，使冷敏神经元放电增加，机体产热增加，散热减少。具体可通过： ①寒战产热； ②交感神经兴奋，皮肤血管收缩，血流量减少，散热减少；另外交感神经中枢兴奋，肾上腺素和去甲肾上腺素释放增多，使机体的代谢增强，产热量增加； ③寒冷刺激作用于机体，可通过中枢神经系统使腺垂体的促甲状腺激素释放量增加，作用于甲状腺，使甲状腺激素分泌增加，从而使细胞代谢增强，产热增多。 （2）人体处于炎热环境时，可通过减少衣着、吹风扇等行为性调节增加散热，降低环境温度。但更主要的是通过自主性调节，使对热刺激敏感的皮肤温觉感受器发放冲动增加，以及中枢温度感受器中的热敏神经元放电频率增加，传到视前区 - 下丘脑前部，使机体散热增加，产热减少，从而维持体温的稳定。具体途径如下： ①交感神经活动降低，皮肤的血管舒张，动 - 静脉吻合支开放，皮肤血流量增加，使皮肤温度升高，散热增加； ②支配汗腺的交感神经活动增强，汗液分泌增加，蒸发散热加强。

目 录

CONTENTS >

第一章　绪论

- 生理学的研究任务和方法
  - 生理学：研究生物体的正常生命活动现象及其功能活动规律的科学
  - 生理学研究的不同水平
    - 细胞和分子水平
    - 器官和系统水平
    - 整体水平
- 机体的内环境和稳态
  - 体液（占体重的60%）的组成
    - 细胞外液（1/3）
      - 血浆
      - 组织液
      - 淋巴液
      - 脑脊液
    - 细胞内液（2/3）
  - 内环境及其稳态
    - 内环境——细胞外液（体内细胞直接生活的液体环境）
    - 稳态
      - 概念：内环境的理化性质维持相对稳定的状态
      - 维持：主要依赖于负反馈调节
      - 意义：机体维持正常生命活动的前提

…能

- 神经调节
  - 概念：神经系统对机体各组织、器官和系统的生理功能的调节
  - 基本方式：反射
    - 非条件反射
      - 意义：维持机体生存和种族繁衍
      - 特点
        - 先天的、遗传的
        - 反射弧较为固定
        - 低级神经活动，无需大脑皮质参与
    - 条件反射
      - 意义：使机体更好地适应环境
      - 特点
        - 建立在非条件反射的基础上，经后天学习训练所获得
        - 反射弧可变
        - 高级神经活动，需大脑皮质的参与
        - 可无限建立，也可消退
  - 特点：迅速、准确、短暂
- 体液调节
  - 概念：体内细胞合成并分泌某些特殊的化学物质，通过体液途径对组织或器官的活动进行调节的过程
  - 特点：缓慢、广泛、持久
- 自身调节
  - 概念：细胞和组织凭借自身的内在特性对周围环境变化发生的适应性反应
  - 特点：范围局限、调节幅度小、灵敏度低

神经—体液调节——神经和体液因素共同参与

- 主动转运
  - 特点：逆浓度梯度或电位梯度转运、耗能、需膜蛋白
  - 类型
    - 原发性主动转运
      - 转运物质：Na^+、K^+等
      - 能量来源：直接利用ATP水解产生的能量
      - 介导此过程的膜蛋白——离子泵
        - 示例：钠-钾泵（钠泵或Na^+-K^+-ATP酶）
          - 特点：每分解1分子ATP，可将3个Na^+移出胞外、2个K^+摄入胞内
          - 生理意义
            - 维持细胞内高K^+浓度，为胞质内许多代谢反应所需
            - 维持细胞内外合适的离子浓度，保持胞内正常的渗透压和容积
            - 建立Na^+的跨膜浓度梯度，为继发性主动转运提供势能贮备
            - 钠泵活动形成的跨膜离子浓度梯度是细胞产生电活动的前提
            - 钠泵活动是生电性的，可直接影响膜电位
          - 钠泵抑制剂——毒毛花苷（哇巴因）
    - 继发性主动装运
      - 转运物质：如葡萄糖在小肠上皮的吸收、肾小管重吸收葡萄糖、甲状腺上皮细胞聚碘等
      - 能量来源：利用原发性主动转运所形成的离子浓度梯度

- 细胞的电活动
  - 静息电位（RP）
    - 概念：静息状态下细胞膜两侧存在的外正内负的电位差
    - 形成机制：K^+外流
    - 特点：接近但略小于K^+平衡电位
      - 原因：存在少量Na^+内流
    - 极化（静息电位存在时细胞膜两侧外正内负的状态）
      - 去极化——静息电位减小（膜内电位负值减小）的过程
      - 复极化——细胞膜去极化后再次向静息电位恢复的过程
      - 反极化——去极化至零电位后膜电位进一步变为正值
      - 超极化——静息电位增大（膜内电位负值增大）的过程
  - 细胞兴奋后兴奋性的变化
    - 绝对不应期
      - 兴奋性为零，刺激阈值无限大
      - 机制：钠通道不处于备用状态，无法被激活
    - 相对不应期
      - 兴奋性低于正常，阈上刺激可使细胞再次兴奋
      - 机制：钠通道部分恢复到备用状态
    - 超常期
      - 兴奋性高于正常，阈下刺激可使细胞再次兴奋
      - 机制：钠通道已基本恢复到备用状态；膜电位尚未完全恢复到静息电位，距离阈电位较近
    - 低常期
      - 兴奋性低于正常，阈上刺激可使细胞再次兴奋
      - 机制：钠通道已完全回到备用状态；膜电位处于超极化状态，距离阈电位较远

第二章　细胞的基本功能

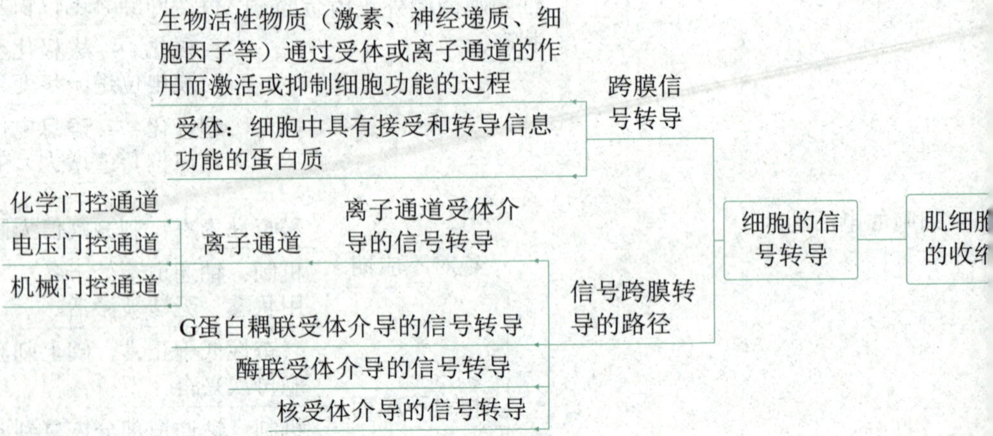

生物活性物质（激素、神经递质、细胞因子等）通过受体或离子通道的作用而激活或抑制细胞功能的过程
受体：细胞中具有接受和转导信息功能的蛋白质
跨膜信号转导
化学门控通道
电压门控通道
机械门控通道
离子通道
离子通道受体介导的信号转导
G蛋白耦联受体介导的信号转导
酶联受体介导的信号转导
核受体介导的信号转导
信号跨膜转导的路径
细胞的信号转导

- 化特性
  - 颜色
    - 取决于红细胞内血红蛋白的颜色
  - 比重
    - 全血比重——取决于红细胞数量
    - 血浆比重——取决于血浆蛋白含量
  - 黏滞性（黏度）
    - 全血黏滞性——取决于红细胞数量
    - 血浆黏滞性——取决于血浆蛋白含量
  - 血浆渗透压
    - 血浆胶体渗透压
      - 形成：血浆蛋白（主要是白蛋白）
      - 特点：约占血浆总渗透压的 0.4%
      - 生理意义：维持血管内外的水平衡和血容量
    - 血浆晶体渗透压
      - 形成：小分子电解质（80%来自于 Na^+和Cl^-）
      - 特点：约占血浆总渗透压的99.6%
      - 生理意义：维持细胞内外水的平衡和细胞的正常形态
        - 红细胞置于低渗溶液中——膨胀破裂
        - 红细胞置于高渗溶液中——失水皱缩
        - 等渗溶液
          - 概念：与血浆渗透压相等或相近的溶液
          - 示例：0.9%NaCl溶液、5%的葡萄糖溶液、1.9%尿素溶液
        - 等张溶液
          - 概念：能使悬浮于其中的红细胞保持正常形态和大小的溶液
          - 示例：0.9%NaCl溶液
        - 实际上，等张溶液是由不能自由通过细胞膜的溶质所形成的等渗溶液
  - 血浆pH值
    - 范围：7.35~7.45
    - 血浆中最重要的缓冲对：$NaHCO_3$ / H_2CO_3

第三章　血液

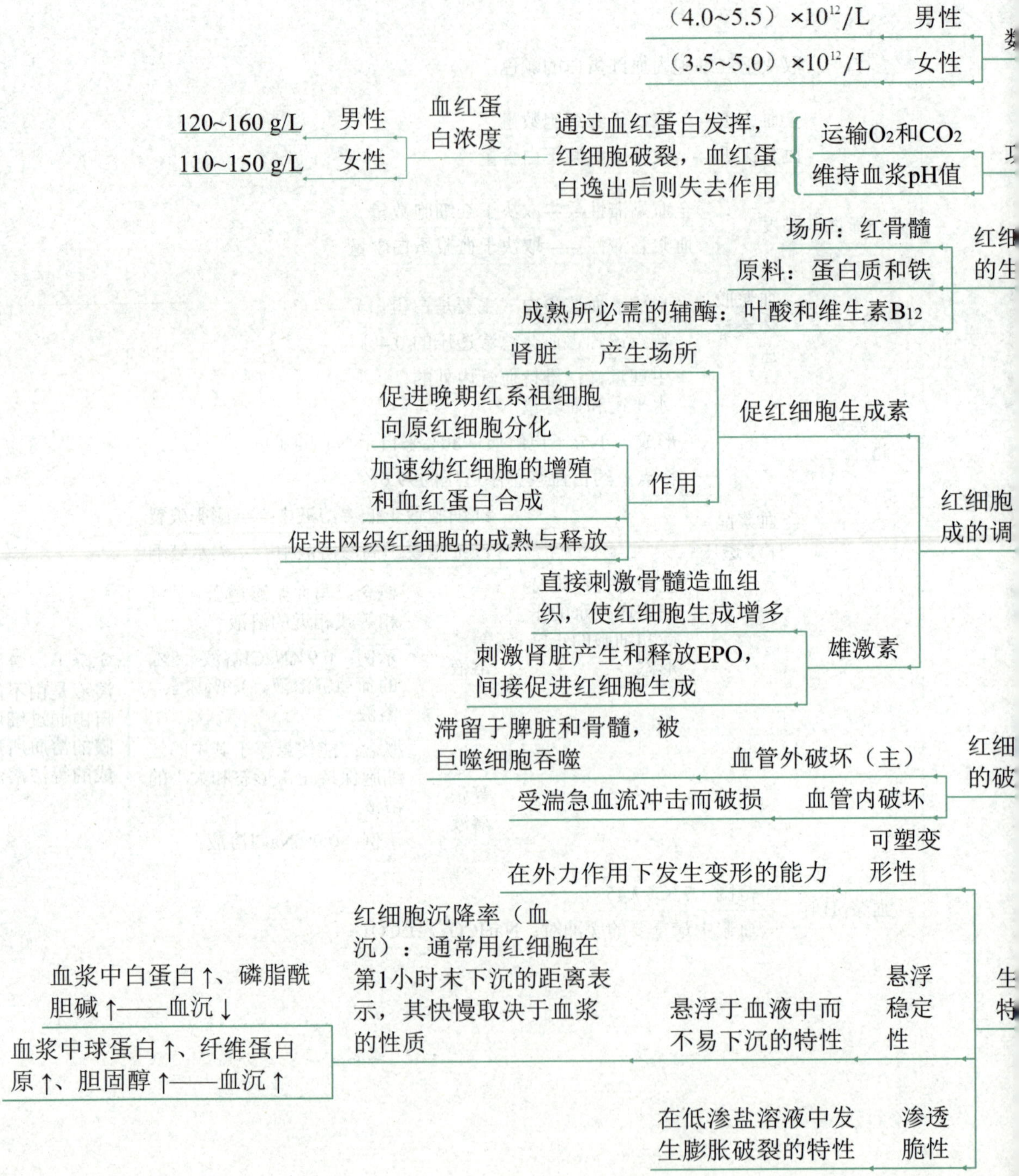

（4.0~5.5）×10¹²/L
男性
数
（3.5~5.0）×10¹²/L
女性
120~160 g/L
男性
血红蛋白浓度
110~150 g/L
女性
通过血红蛋白发挥，红细胞破裂，血红蛋白逸出后则失去作用
运输O2和CO2
维持血浆pH值
场所：红骨髓
原料：蛋白质和铁
成熟所必需的辅酶：叶酸和维生素B12
红细的生
肾脏
产生场所
促进晚期红系祖细胞向原红细胞分化
促红细胞生成素
加速幼红细胞的增殖和血红蛋白合成
作用
促进网织红细胞的成熟与释放
红细胞成的调
直接刺激骨髓造血组织，使红细胞生成增多
雄激素
刺激肾脏产生和释放EPO，间接促进红细胞生成
滞留于脾脏和骨髓，被巨噬细胞吞噬
血管外破坏（主）
红细的破
受湍急血流冲击而破损
血管内破坏
可塑变形性
在外力作用下发生变形的能力
红细胞沉降率（血沉）：通常用红细胞在第1小时末下沉的距离表示，其快慢取决于血浆的性质
血浆中白蛋白↑、磷脂酰胆碱↑——血沉↓
血浆中球蛋白↑、纤维蛋白原↑、胆固醇↑——血沉↑
悬浮于血液中而不易下沉的特性
悬浮稳定性
生特
在低渗盐溶液中发生膨胀破裂的特性
渗透脆性

- 生理性止血与血液凝固
  - 生理性止血
    - 第一时相：小血管收缩
    - 第二时相：血小板止血栓形成
    - 第三时相：血液凝固
  - 血液凝固
    - 实质：可溶性的纤维蛋白原变成不溶性的纤维蛋白的过程
    - 凝血过程
      - 步骤一：凝血酶原激活物形成
        - 内源性凝血途径 → 启动因子：XII
        - 外源性凝血途径 → 启动因子：III
        - （二者）激活因子X
      - 步骤二：凝血酶原的激活
      - 步骤三：纤维蛋白的生成
  - 抗凝与纤维蛋白溶解
    - 纤维蛋白溶解
      - 概念：血凝块中纤维蛋白被逐渐分解液化的过程
      - 作用：防止血栓形成，保证血流畅通
    - 生理性抗凝物质
      - 抗凝血酶III
      - 肝素
      - 蛋白质C
    - 延缓和加速凝血的方法
      - 温度：一定范围内，温度升高可加速血凝，温度降低则抑制凝血
      - 接触面
        - 接触面光滑——抑制凝血
        - 接触面粗糙——促进凝血
      - Ca^{2+}：参与凝血的多个环节，若其含量减少，将抑制凝血
      - 凝血因子II/VII/IX/X的合成依赖于维生素K → 维生素K不足，有出血倾向

- 心脏泵血的过程和机制
  - 心动周期
    - 心脏收缩和舒张一次的时间
      - 心房和心室无共同的收缩期
      - 心房和心室有共同的舒张期（全心舒张期）
  - 心脏的泵血过程（以左心室为例）
    - 心室收缩期
      - 等容收缩期
        - 房室瓣、动脉瓣关闭
        - 心室容积不变
        - 室内压上升最快
        - 房内压＜室内压＜动脉压
        - 等容收缩期末，主动脉压最低
      - 快速射血期
        - 房室瓣关闭、动脉瓣开放
        - 心室容积减小
        - 室内压继续上升，在快速射血期末达最大值
        - 房内压＜室内压＞动脉压
        - 快速射血期末，主动脉压最高
      - 减慢射血期
        - 房室瓣关闭、动脉瓣开放
        - 心室容积减小
        - 室内压下降，略低于主动脉压
        - 房内压＜室内压＜动脉压
    - 心室舒张期
      - 等容舒张期
        - 房室瓣关闭、动脉瓣关闭
        - 心室容积不变
        - 室内压下降最快
        - 房内压＜室内压＜动脉压
      - 快速充盈期
        - 房室瓣开放、动脉瓣关闭
        - 心室容积增大
        - 房内压＞室内压＜动脉压
      - 减慢充盈期
        - 房室瓣开放、动脉瓣关闭
        - 心室容积增大
        - 房内压＞室内压＜动脉压
      - 心房收缩期
        - 房室瓣开放、动脉瓣关闭
        - 心室容积增大
        - 房内压＞室内压＜动脉压
      - （充盈期）
        1. 心室血液的充盈，约75%来自于心室舒张的抽吸作用，约25%来自心房收缩的挤压作用
        2. 心房收缩期末，心室容积最大
        3. 充盈期时间最长
- 心音
  - 第一心音
    - 房室瓣关闭引起
      - 标志着心室收缩期的开始
  - 第二心音
    - 动脉瓣关闭引起
      - 标志着心室舒张期的开始

- 重要心肌细胞的类型及各类型的跨膜电位
  - 工作细胞（以心室肌细胞为例）
    - 动作电位分期
      - 0期（去极化）
        - 形成机制：Na^+内流
          - 速度快——快反应细胞
      - 1期（快速复极初期）
        - 形成机制：K^+外流
      - 2期（平台期）
        - 形成机制
          - K^+外流
          - Ca^{2+} 内流
      - 3期（快速复极末期）
        - 形成机制：K^+外流
      - 4期（静息期）
        - 形成机制：钠泵、钙泵等的活动
  - 自律细胞
    - 浦肯野细胞
      - 0期形成机制
        - Na^+内流
      - 0期去极速度快——快反应细胞
    - 窦房结细胞
      - 0期形成机制
        - Ca^{2+} 内流
      - 0期去极速度慢——慢反应细胞
    - 4期存在自动除极
      - 浦肯野细胞4期形成机制
        - Na^+内流增多（主）
        - K^+外流减少
      - 窦房结细胞4期形成机制
        - K^+外流的进行性衰减（主）
        - Ca^{2+} 、Na^+内流增强
- 体表心电图
  - 正常心电图波形和间期及其意义
    - P波
      - 特点：小而圆钝
      - 意义：反映左、右心房的去极化过程
    - QRS波群
      - 特点：P波之后，出现的一个短时程、较高幅度、波形尖锐的波群
      - 意义：QRS波群的时间代表了心室肌兴奋扩布所需的时间
    - T波
      - 特点：QRS波群之后的一个持续时间较长、波幅较低的向上的波
      - 意义：反映心室复极化（心室肌细胞3期复极）过程
    - U波
      - 特点：T波之后的一个低而宽的波
      - 意义：可能与浦肯野纤维网的复极化有关
    - PR间期（或PQ间期）
      - P波起点到QRS波起点的时程
      - 意义：代表由窦房结产生的兴奋经心房、房室交界和房室束到达心室，并引起心室开始兴奋所需要的时间（房室传导时间）
    - PR段
      - 从P波终点到QRS波起点之间的曲线
      - 意义：反映兴奋通过心房后在向心室传导过程的电位变化
    - QT间期
      - 从QRS波起点到T波终点的时程
      - 意义：代表心室开始兴奋去极到完全复极至静息状态的时间
    - ST段
      - 从QRS波群终点到T波起点之间的与基线平齐的线段
      - 意义：代表心室各部分心肌细胞均处于动作电位的平台期

第四章　血液循环

- 血管生
  - 血管分类及其功能特点
    - 弹性贮器血管（大动脉）
    - 容量血管（静脉系统）
    - 阻力血管
      - 毛细血管前阻力血管（小动脉、微动脉）
        - 外周阻力：小动脉和微动脉对血流的阻力
      - 毛细血管后阻力血管（微静脉）
      - 毛细血管前括约肌（真毛细血管起始部环绕的平滑肌）
        - 通过舒缩控制毛细血管的开放或关闭，其舒缩活动主要与局部组织的代谢有关
    - 交换血管（毛细血管）
    - 分配血管（中动脉）
    - 短路血管（小动脉和小静脉之间的吻合支）
  - 血流动力学
    - 血流量
    - 血流速度
    - 血流阻力
      - 概念：血液在血管内流动时所遇到的阻力
      - 泊肃叶定律
        - $R=8\eta L/\pi r^4$
        - 血流阻力与血管的长度（L）和血液黏滞度（η）成正比，与血管半径（r）的4次方成反比
    - 血压
      - 血管内流动的血液对单位面积血管壁的侧压力
  - 动脉血压
    - 动脉血压的形成条件
      - 前提条件：心血管系统有足够的血液充盈
      - 必要条件：心脏射血和外周阻力的作用
      - 维持因素：弹性储器血管的作用
    - 动脉血压的正常值
      - 收缩压（100~120 mmHg）
        - 心室收缩时，在收缩期的中期达到的动脉血压的最高值
      - 舒张压（60~80 mmHg）
        - 心室舒张时，在心舒末期动脉血压的最低值
      - 脉压（30~40 mmHg）
        - 收缩压－舒张压
      - 平均动脉压（100 mmHg左右）
        - 舒张压+1/3脉压
    - 动脉血压的影响因素
      - 搏出量——主要影响收缩压
      - 心率——主要影响舒张压
      - 外周阻力——主要影响舒张压
        - 舒张压的高低主要反映了外周阻力的大小
      - 主动脉和大动脉的弹性贮器作用
      - 循环血量和血管系统容量的比例（体循环平均充盈压）

- 神经调节
  - 心脏的神经支配
    - 交感神经兴奋→末梢释放去甲肾上腺素（NE）→激动心肌细胞膜上的β_1受体→心脏活动加强（正性变时变力变传导）
    - 副交感神经（迷走神经）兴奋→末梢释放乙酰胆碱（ACh）→心肌细胞膜上的M受体→心脏活动减弱（负性变时变力变传导）
  - 血管的神经支配
    - 缩血管神经纤维（均为交感神经）→末梢释放NE
      - 皮肤、内脏、黏膜α_1受体被激动→血管收缩
      - 骨骼肌血管平滑肌、支气管平滑肌、冠状动脉平滑肌β_2受体被激动→血管舒张
    - 舒血管神经纤维
      - 交感舒血管神经纤维→末梢释放ACh→激动骨骼肌微动脉上的M受体→血管舒张
      - 副交感舒血管神经纤维→末梢释放ACh→激动唾液腺、脑、胃肠外分泌腺和外生殖器等血管上的M受体→血管舒张
  - 心血管活动的基本中枢——延髓
  - 心血管反射
    - 颈动脉窦和主动脉弓压力感受性反射（降压反射）
      - 感受刺激——血管壁的机械牵张程度
      - 反射效应：动脉血压↑→感受器传入冲动↑→心迷走神经紧张性↑、心交感神经和交感缩血管神经紧张性↓→心率↓、心输出量↓、外周阻力↓→动脉血压↓
      - 生理意义：维持动脉血压的相对稳定
    - 心肺感受器引起的心血管反射
      - 感受刺激
        - 血管壁的机械牵张（血容量）
        - 化学物质
    - 颈动脉体和主动脉体化学感受性反射
      - 感受刺激：动脉血中PO_2↓、PCO_2↑、H^+浓度↑等
      - 生理意义：在平时对心血管的调节作用不明显，只有在缺氧、窒息、失血、血压过低和酸中毒等情况下才起作用
- 体液调节
  - 肾素-血管紧张素-醛固酮系统
    - 肾素激活血管紧张素原为血管紧张素I
    - 血管紧张素II的生物学效应
      - 缩血管作用，升高血压
      - 促进交感神经末梢释放递质
      - 使交感缩血管中枢紧张性加强
      - 促进神经垂体释放血管升压素和缩宫素
      - 促进醛固酮的合成和释放
  - 肾上腺素和去甲肾上腺素
    - 来源：肾上腺髓质分泌
    - 作用
      - 肾上腺素
        - 激动α、β受体
          - 激动α受体→皮肤、肾、胃肠道血管平滑肌收缩
          - 激动β_1受体→心脏活动加强
          - 激动β_2受体→骨骼肌、肝血管舒张
        - 强心药
      - 去甲肾上腺素
        - 激动α、β受体（α＞β）：全身血管广泛收缩，外周阻力增加，血压升高
        - 升压药
  - 血管升压素（又称为抗利尿激素）

第五章　呼吸

- 概念：肺与外界环境之间的气体交换
- 肺通气的原理
  - 动力
    - 原动力：呼吸运动
      - 呼吸肌的收缩和舒张
        - 吸气肌
          - 膈肌、肋间外肌
          - 辅助吸气肌：斜角肌、胸锁乳突肌等
        - 呼气肌
          - 腹肌、肋间内肌
    - 直接动力：肺内压和大气压之差
      - 肺内压的变化
        - 吸气初：肺内压＜大气压
          - 空气入肺
        - 吸气末：肺内压=大气压
          - 吸气停止
        - 呼气初：肺内压＞大气压
          - 气体出肺
        - 呼气末：肺内压=大气压
          - 呼气停止
      - 胸膜腔负压
        - 概念：胸膜腔内的压力
        - 前提条件：胸膜腔密闭
        - 形成：胸膜腔负压=肺内压–肺回缩压
        - 意义
          - 维持肺的扩张
          - 降低中心静脉压，促进静脉血和淋巴液的回流
  - 阻力
    - 弹性阻力
      - 肺的弹性阻力
        - 肺组织弹性纤维形成的弹性回缩力（1/3）
        - 肺泡表面张力（2/3）
          - 肺泡表面活性物质
            - 意义：降低肺泡内表面张力
              - 维持大小肺泡的稳定性
              - 维持肺组织适当的扩张与回缩，防止肺不张
              - 防止肺水肿
              - 减少吸气阻力，增加肺的顺应性
            - 来源：肺泡II型上皮细胞
            - 成分：二棕榈酰卵磷脂
      - 胸廓的弹性阻力
    - 非弹性阻力
      - 气道阻力（主）
        - 影响因素
          - 气流速度
          - 气流形式
          - 气道口径（最重要）
            - 气道阻力的大小与呼吸道半径的4次方成反比
      - 惯性阻力
      - 黏滞阻力

- 吸运动调节
  - 呼吸中枢
    - 呼吸基本中枢：延髓
    - 呼吸调整中枢：脑桥
  - 呼吸的反射性调节
    - 化学感受性反射
      - 感受器
        - 外周化学感受器
          - 颈动脉体（主）
          - 主动脉体
        - 中枢化学感受器
          - 延髓
      - PCO_2对呼吸运动的影响
        - 兴奋中枢化学感受器（主）
        - 刺激外周化学感受器
        - （以上两项）呼吸运动加深、加快，肺通气量增加
        - CO_2是调节呼吸运动最重要的生理因素
          - 一定范围内，PCO_2↑→刺激呼吸中枢→呼吸运动↑
          - 过度通气，PCO_2↓→对呼吸中枢的刺激↓→呼吸抑制
          - PCO_2过高→抑制中枢神经系统活动→CO_2中毒
      - H^+对呼吸运动的影响
        - 血液中H^+↑→刺激外周化学感受器→呼吸运动↑→PCO_2↓→呼吸加强受限
        - 脑脊液中H^+↑→兴奋中枢化学感受器→呼吸运动↑
      - PO_2对呼吸运动的影响
        - 轻中度缺氧→刺激外周化学感受器→间接兴奋呼吸中枢→呼吸运动↑
        - 重度缺氧→直接抑制呼吸中枢→呼吸运动减弱甚至停止
    - 机械感受性反射
      - 肺牵张反射（黑-伯反射）
        - 概念：因肺扩张或肺萎陷引起吸气抑制或吸气兴奋的反射
        - 类型
          - 肺扩张反射
            - 概念：肺扩张时引起吸气抑制的反射
            - 特点：平静呼吸时一般不参与呼吸运动的调节
            - 生理意义：阻止吸气过长过深，加速吸气向呼气转换，与脑桥呼吸调整中枢共同调节呼吸频率与深度
          - 肺萎陷反射
            - 概念：肺缩小时增强吸气活动或促进呼气转为吸气的反射
            - 特点：平静呼吸时不参与调节
            - 生理意义：在防止呼气过度以及肺不张时具有一定作用

第六章　消化与吸收

- 概
  - 消化
    - 概念：食物中的营养成分在消化道内被分解为可吸收的小分子物质的过程
    - 类型
      - 机械性消化
      - 化学性消化
  - 吸收
    - 概念：消化道内经消化后的营养成分透过消化道黏膜进入血液或淋巴液的过程
  - 消化道平滑肌的生理特性
    - 一般生理特性
      - 舒缩活动缓慢
      - 富有伸展性
      - 具有紧张性
      - 自动节律性
      - 对不同的刺激敏感性不同——对电刺激不敏感；对温度、化学、机械牵张刺激敏感
    - 电生理特性
      - 静息电位
        - 形成机制：K^+外流
      - 慢波
        - 概念：消化道平滑肌细胞在静息状态下，可自发地产生周期性的轻度去极化和复极化，形成缓慢的节律性电位波动，又称为基本电节律
        - 起源：消化道纵行肌与环行肌之间的Cajal细胞
        - 意义：是消化道平滑肌收缩的起步电位，也是决定肌肉的收缩频率、传播速度和方向的控制波
      - 动作电位
        - 特点：在慢波的基础上产生，进一步引起肌肉收缩
        - 离子基础
          - 去极化过程：Ca^{2+}内流
          - 复极化过程：K^+外流

- 胃液
  - 成分及作用
    - 胃酸/盐酸（泌酸腺的壁细胞分泌）
      - 作用
        - 激活胃蛋白酶原，为胃蛋白酶提供适宜的酸性环境
        - 使食物中的蛋白质变性，促进蛋白质分解
        - 杀灭进入胃内的细菌
        - 促进钙、铁的吸收
        - 促进胰液、胆汁、小肠液的分泌
    - 胃蛋白酶原（泌酸腺的主细胞分泌）
      - 胃酸/已激活的胃蛋白酶可将其激活
      - 作用：催化水解蛋白质
    - 内因子（泌酸腺的壁细胞分泌）
      - 作用：促进维生素B_{12}的吸收
    - 黏液（胃黏膜表面上皮细胞、泌酸腺、贲门腺、幽门腺共同分泌）
      - 主要成分：糖蛋白
    - 碳酸氢盐
    - （黏液、碳酸氢盐）黏液-碳酸氢盐屏障
      - 作用：保护胃黏膜
  - 消化期的胃液分泌
    - 头期
      - 分泌特点：约占总分泌量的30%、酸度高、胃蛋白酶原含量高、消化力强；分泌量与食欲和情绪有关
    - 胃期
      - 分泌特点：约占总分泌量的60%、酸度高、胃蛋白酶原含量少于头期
    - 肠期
      - 分泌特点：约占总分泌量的10%、酸度低、胃蛋白酶原含量少
  - 胃液分泌的调节
    - 促进胃液分泌的因素
      - 迷走神经（末梢释放ACh）
      - 促胃液素
      - 组胺
    - 抑制胃液分泌的因素
      - 盐酸
      - 脂肪
      - 高张溶液
      - 精神与情绪
- 胃的运动
  - 运动形式
    - 紧张性收缩
    - 容受性舒张（特有）
    - 蠕动
  - 胃排空
    - 概念：食糜从胃排入十二指肠的过程
    - 影响胃排空的因素
      - 胃内容物的扩张刺激（促进）
      - 促胃液素（延缓）
      - 肠-胃反射（延缓）
      - 缩胆囊素（延缓）
      - 促胰液素（延缓）
      - 抑胃肽（延缓）

第六章　消化与吸收

- 小
  - 胰液的分泌
    - 特点：消化力最强
    - 主要成分及作用
      - 碳酸氢盐：中和进入十二指肠的胃酸
      - 胰淀粉酶：水解淀粉
      - 胰蛋白酶原：可被肠激酶激活为胰蛋白酶（分解蛋白质）
      - 糜蛋白酶原：可被胰蛋白酶激活为糜蛋白酶（分解蛋白质）
      - 胰脂肪酶：分解脂肪
    - 分泌的调节
      - 神经调节：迷走神经兴奋——胰液分泌增加
      - 体液调节
        - 促胰液素
          - 来源：小肠黏膜S细胞释放
          - 引起释放的刺激物：盐酸＞蛋白质分解产物＞脂酸钠
          - 促进胰液分泌的特点：水分和碳酸氢盐含量高、酶含量低
        - 缩胆囊素（CCK，又称促胰酶素）
          - 来源：十二指肠及空肠黏膜的I细胞释放
          - 引起释放的刺激物：蛋白质分解产物＞脂酸钠＞盐酸＞脂肪
          - 促进胰液分泌的特点：酶含量丰富
        - 其他
          - 促进胰液分泌：促胃液素、胰岛素
          - 抑制胰液分泌：胰高血糖素、生长抑素、胰多肽
  - 胆汁的分泌
    - 特点：不含消化酶，胆盐起主要作用
    - 作用
      - 促进脂肪的消化
      - 促进脂肪和脂溶性维生素的吸收
      - 中和胃酸
      - 利胆作用（刺激肝胆汁分泌）
    - 分泌的调节
      - 神经调节：迷走神经兴奋——刺激胆汁分泌，胆囊轻度收缩
      - 体液调节：促胃液素、促胰液素、缩胆囊素、胆盐（刺激胆汁分泌）
  - 小肠液的分泌
    - 特点：分泌量最多的一种消化液
    - 成分：水、无机盐、肠激酶、黏蛋白等
  - 小肠的运动
    - 运动形式
      - 紧张性收缩
      - 蠕动
      - 分节运动（特有）
        - 概念：以肠壁环行肌为主的一种节律性收缩和舒张活动
        - 意义
          - 使食糜与消化液不断混合，并与肠黏膜充分接触，促进化学性消化和吸收
          - 有利于肠壁血液和淋巴液的回流，为小肠吸收创造有利条件

- 温及其理变动
  - 体温：机体核心部分的平均温度
  - 体温的生理波动幅度一般不超过1℃
    - 清晨2~6时最低，午后1~6时最高
    - 成年女性高于男性
    - 女性排卵日体温最低，排卵后体温升高0.3 ~ 0.6℃（孕激素的影响）
    - 儿童和青少年体温较高，老年人体温较低
    - 新生儿特别是早产儿体温易波动
    - 肌肉活动增加体温

- 体的热和热
  - 产热
    - 产热器官
      - 安静时——肝脏（主）
      - 运动时——骨骼肌（主）
    - 产热形式：基础代谢、骨骼肌运动、食物特殊动力作用、战栗和非战栗等
    - 产热活动的调节
      - 体液调节——甲状腺激素、肾上腺素、去甲肾上腺素等刺激非战栗产热
      - 神经调节——寒冷刺激下丘脑后部的战栗中枢，引起战栗产热，也可刺激交感神经兴奋，引起肾上腺髓质释放激素，促进代谢产热等
  - 散热
    - 散热部位：皮肤
    - 散热方式
      - 辐射散热（热射线）
      - 传导散热（与温度较低的物体接触）
      - 对流散热（空气流动）
      - （辐射、传导、对流散热）仅在皮肤温度＞环境温度时发挥作用
      - 蒸发散热
        - 在环境温度≥皮肤温度时，是机体唯一的散热方式
        - 类型
          - 不感蒸发
          - 可感蒸发（发汗）
    - 散热活动的调节
      - 皮肤血流量的调节
        - 炎热环境→交感神经紧张性降低，皮肤小动脉舒张，动静脉吻合支开放→皮肤血流量增多→散热增加
        - 寒冷环境中→交感神经紧张性增强，皮肤血管收缩→皮肤血流量减少→散热减少
      - 蒸发散热：交感神经兴奋→支配汗腺的交感神经末梢释放ACh→汗腺分泌增多

- 温的节
  - 行为性体温调节
  - 自主性体温调节
    - 调节中枢：下丘脑
    - 体温调定点（恒温箱原理）
      - 视前区-下丘脑前部（PO/AH）控制调定点水平
      - 调节特点
        - 体温＞调定点：产热减少，散热增加
        - 体温＜调定点：产热增加，散热减少
        - （两者均）使体温与调定点的水平一致

第八章　尿的生成与排出

- 排泄
  - 肾脏通过生成和排出尿液，清除体内代谢产生的大部分代谢终产物及人体内的异物，并通过调节尿量和尿液成分，维持机体水、电解质及酸碱平衡
- 内分泌
  - 肾脏可产生肾素、促红细胞生成素、1，25-二羟维生素D_3和前列腺素等
- 肾的结构
  - 肾单位
    - 肾脏尿生成的基本功能单位
    - 组成
      - 肾小体
        - 肾小球
        - 肾小囊
      - 肾小管
        - 近端小管
          - 近曲小管
          - 髓袢降支粗段
        - 髓袢细段
          - 髓袢降支细段
          - 髓袢升支细段
        - 远端小管
          - 髓袢升支粗段
          - 远曲小管
    - 类型
      - 皮质肾单位
        - 负责尿的生成
      - 近髓肾单位
        - 负责尿的浓缩与稀释
  - 球旁器（主要分布在皮质肾单位）
    - 球旁细胞
      - 释放肾素
        - 肾素分泌的调节
          - 动脉血压↓
            - 牵张感受器
            - 致密斑感受器
            - 肾素分泌↑
          - 肾交感神经活动↑——肾素分泌↑
          - 肾上腺素、去甲肾上腺素——肾素分泌↑
          - 血管紧张素II、抗利尿激素——肾素分泌↓
    - 球外系膜细胞
      - 具有吞噬功能
    - 致密斑
      - 可感受小管液中NaCl含量的变化
- 肾的血液循环
  - 血流丰富
  - 血流不均匀分布
    - 主要在肾皮质层
  - 两次流经毛细血管网
    - 肾小球毛细血管网（血压较高）
    - 肾小管周围毛细血管网（血压较低）
- 肾血流量的调节
  - 自身调节
    - 动脉血压在80~180mmHg内变化时，肾血流量保持相对恒定
  - 神经调节和体液调节
    - 肾交感神经兴奋、肾上腺素、去甲肾上腺素→肾血管收缩→肾血流量↓
    - 肾交感神经活动减弱、缓激肽、前列腺素、NO→肾血管舒张→肾血流量↑

管 合 重

和 的

- 肾小管与集合管的物质转运
  - 尿液的浓缩与稀释
    - 机制
      - 尿浓缩的必要条件：肾髓质高渗梯度的建立
      - 尿浓缩程度的关键因素：抗利尿激素的释放量
    - 肾髓质高渗梯度的形成和保持
      - 外髓部高渗梯度的形成
        - 髓袢升支粗段主动重吸收NaCl造成
      - 内髓部高渗梯度的形成
        - 尿素再循环
        - NaCl重吸收
      - 髓质高渗梯度的保持
        - 直小血管的逆流交换作用
  - 血浆清除率
    - 概念：两肾在单位时间内能将多少毫升血浆中所含的某种物质完全清除出去，而被完全清除某物质的血浆毫升数便为该物质的血浆清除率
    - 意义
      - 了解肾脏的功能状态
      - 测定肾小球滤过率
        - 菊粉清除率
        - 内生肌酐清除率
      - 测定肾血流量
        - 碘锐特清除率
        - 对氨基马尿酸清除率
      - 推测肾小管的转运功能

第八章　尿的生成与排出

- 肾内自身调节
  - 小管液溶质的浓度
    - 渗透性利尿
  - 球-管平衡
    - 近端小管的重吸收率始终占肾小球滤过率的65%~70%
- 神经和体液调节
  - 肾交感神经活动增强——尿量减少
  - 抗利尿激素（ADH）
    - 来源：下丘脑视上核和室旁核合成，神经垂体释放
    - 作用：提高远曲小管和集合管上皮细胞对水的通透性，促进水的重吸收，发挥抗利尿作用
    - 分泌调节
      - 血浆晶体渗透压
        - 血浆晶体渗透压 ↑→抗利尿激素 ↑
        - 血浆晶体渗透压 ↓→抗利尿激素 ↓
      - 循环血量
        - 循环血量 ↑→抗利尿激素 ↓
        - 循环血量 ↓→抗利尿激素 ↑
  - 肾素-血管紧张素-醛固酮系统
    - 醛固酮
      - 来源：肾上腺皮质球状带分泌
      - 作用部位：远曲小管和集合管
      - 作用：保水保钠排钾

- 感受器及其一般生理特性
  - 感受器
    - 概念：指分布于体表或体内组织，专门感受体内、外环境条件变化的结构或装置
  - 一般生理特性
    - 适宜刺激
    - 换能作用
      - 刺激→感受器电位/发生器电位→动作电位
    - 编码作用
    - 适应现象
      - 快适应感受器　如：皮肤触觉感受器
      - 慢适应感受器　如：肌梭、颈动脉窦压力感受器
- 听觉器官
  - 外耳
    - 耳廓
    - 外耳道
  - 中耳
    - 鼓膜
      - 与声波同步振动，将声波传给听骨链
    - 听骨链
      - 传递声波时，增压减幅
    - 鼓室
    - 咽鼓管
      - 结构：连通鼓室和鼻咽部的通道
      - 作用：平衡鼓室内压和外界大气压
    - 声波传入内耳的主要途径：声波→鼓膜→听骨链→卵圆窗膜（前庭窗膜）→内耳
  - 内耳
    - 耳蜗
      - 结构
        - 前庭阶、蜗管：由前庭膜隔开
        - 蜗管、鼓阶：由基底膜隔开
        - 1. 前庭阶和鼓阶内均充满外淋巴，在耳蜗底部分别与前庭窗膜和圆窗膜连接
        - 2. 蜗管是一充满内淋巴的盲管
        - 3. 基底膜是声波感受器（螺旋器，科蒂器）所在部位，由内、外毛细胞和支持细胞等组成
      - 功能
        - 感音换能
          - 基底膜的振动和行波学说
          - 毛细胞兴奋与感受器电位产生
    - 前庭器官
      - 组成：三个半规管、一个椭圆囊、一个球囊
        - 半规管——感受变速旋转运动
        - 椭圆囊和球囊——感受直线变速运动和头部在空间位置的变化
      - 作用：维持身体平衡

第十章　神经系统的功能

- 神经系统功能活动的基本原理
  - 神经元的结构及其功能
    - 结构
      - 胞体
      - 突起
        - 树突
        - 轴突
          - 轴突始段：产生动作电位
          - 轴突：传递兴奋
          - 轴突末梢
            - 释放神经递质
            - 释放营养因子
              - 神经的营养性作用
    - 功能
      - 接受、整合、传导和传递信息
  - 神经纤维
    - 功能
      - 传导兴奋、物质运输
    - 传导兴奋的特征
      - 绝缘性
      - 结构和功能的完整性（生理完整性）
      - 双向传播
      - 相对不疲劳性
    - 影响兴奋传导速度的因素
      - 神经纤维的直径大小
        - 直径愈大，传导越快
      - 有无髓鞘
        - 有髓神经纤维传导速度（“跳跃式”传导）快于无髓神经纤维（“连续式”传导）
      - 温度
        - 一定范围内，传导速度随温度的升高而加快，随温度的降低而减慢
    - 神经纤维的轴浆运输
      - 顺向轴浆运输
      - 逆向轴浆运输
  - 反射活动的基本规律
    - 反射的中枢整合
      - 单突触反射
      - 多突触反射
    - 中枢神经元之间的联系方式
      - 单线式联系
      - 辐散式联系
      - 聚合式联系
      - 链锁式联系
      - 环式联系
    - 中枢兴奋传播的特征
      - 单向传播
      - 中枢延搁
      - 兴奋的总和
      - 兴奋节律的改变
      - 后发放与反馈
      - 对内环境变化敏感和易疲劳
    - 中枢抑制
      - 突触后抑制
        - 概念：由中枢内抑制性中间神经元释放抑制性递质，通过产生IPSP对突触后神经元产生的抑制效应
        - 类型
          - 传入侧支性抑制
          - 回返性抑制
      - 突触前抑制
        - 机制：突触前膜释放的兴奋性递质减少，导致突触后膜上的EPSP下降所致的抑制

- 神经系统对内脏活动的调节
  - 自主神经系统对内脏活动的调节
    - 交感神经、副交感神经 } 调节心肌、平滑肌、腺体的活动
      - 交感神经兴奋
        - 心脏活动加强
        - 皮肤、内脏等处的血管收缩
        - 支气管平滑肌舒张
        - 胃肠运动减弱，消化腺分泌黏稠唾液
        - 逼尿肌舒张、括约肌收缩
        - 瞳孔扩大
        - 竖毛肌收缩，汗腺分泌
        - 刺激糖原分解、肾上腺髓质分泌激素
      - 副交感神经兴奋
        - 心脏活动减弱
        - 支气管平滑肌收缩
        - 胃肠运动增强，消化腺分泌稀薄唾液，促进胃液、胰液分泌
        - 逼尿肌收缩、括约肌舒张
        - 瞳孔缩小
        - 促进胰岛素分泌
  - 中枢对内脏活动的调节
    - 延髓——生命中枢（心血管运动、呼吸运动等的中枢）
    - 下丘脑
      - 自主神经系统活动调节
      - 体温调节
      - 水平衡调节
      - 对垂体激素的分泌调节
      - 生物节律控制

第十章　神经系统的功能

- 脊髓对躯体运动的调节
  - 脊髓的运动神经元和运动单位
    - 运动神经元
      - α运动神经元
        - 支配梭外肌——负责肌肉收缩
      - γ运动神经元
        - 支配梭内肌——调节肌梭对牵拉刺激的敏感性
    - 运动单位
      - 由一个α运动神经元及其所支配的全部肌纤维组成的功能单位
  - 脊髓的躯体反射
    - 屈肌反射和对侧伸肌反射
      - 屈肌反射
        - 意义：躲避伤害，保护机体
      - 对侧伸肌反射
        - 意义：保持躯体平衡
    - 牵张反射
      - 概念：骨骼肌受到外力牵拉而伸长时，反射性地引起被牵拉的同一肌肉收缩的反射
      - 分类
        - 肌紧张
          - 特点：缓慢、持续牵拉肌腱发生的牵张反射
          - 意义：维持躯体姿势的最基本反射
        - 腱反射
          - 特点：快速牵拉肌腱发生的牵张反射
          - 意义：可反映神经系统的功能状态
            - 反射亢进——高位中枢病变
            - 反射减弱——反射弧受损
      - 感受器和效应器位于同一肌肉内
        - 感受器：肌梭
        - 效应器：梭外肌
  - 脊休克
    - 概念：脊髓与高位中枢离断后，断面以下的脊髓在一段时间内丧失反射活动的能力，进入无反应状态的现象
    - 产生原因：断面以下的脊髓突然失去高位中枢的调控
    - 特点：脊休克发生后，以脊髓为基本中枢的反射可逐渐恢复；但离断面以下的知觉和随意动作将永久消失

- 脑的高级功能
  - 脑电活动及睡眠与觉醒
    - 脑电活动
      - 脑电波
        - α波——成人安静、清醒、闭目时出现
        - β波——成人活动时出现
        - θ波——成人困倦时，幼儿清醒时
        - δ波——成人熟睡时；婴幼儿正常时
    - 睡眠与觉醒
      - 慢波睡眠（非快动眼睡眠）
        - 特点：生长激素分泌明显增多，有利于体力恢复和促进生长发育
      - 快波睡眠（快动眼睡眠/异相睡眠)
        - 特点：促进神经系统的发育和记忆活动

第十一章　内分泌

- 下丘脑与垂体的内分泌
  - 激素
    - 概念：内分泌腺或内分泌细胞所合成和分泌的高效能生物活性物质
    - 分类
      - 蛋白质和肽类：下丘脑激素、垂体激素、胃肠激素、降钙素、甲状旁腺激素、胰岛素、胰高血糖素等
      - 胺类：甲状腺激素、肾上腺素、去甲肾上腺素、多巴胺等
      - 类固醇类：肾上腺皮质激素、性激素
      - 固醇类：维生素D_3（胆钙化醇）、1,25-二羟维生素D_3（钙三醇）
    - 作用特征
      - 相对特异性
      - 信使作用
      - 高效作用
      - 相互作用
        - 协同作用
        - 拮抗作用
        - 允许作用
        - 竞争作用
  - 下丘脑的内分泌

- 肾上腺皮质激素
  - 糖皮质激素（GC）
    - 来源：肾上腺皮质束状带合成分泌
    - 代表：皮质醇、皮质酮
    - 作用
      - 调节物质代谢
        - 升高血糖
        - 促进蛋白质分解
        - 使体内脂肪重新分布，四肢脂肪分解，躯干部脂肪合成加强，形成“向心性肥胖”体型
      - 影响水盐代谢
        - 保钠排钾（较弱）
        - 促进钙的排泄，抑制钙的吸收
        - 有利于水的排出　肾上腺皮质功能不足——水中毒
      - 促进骨髓造血功能
      - 抗炎、抗过敏、抗免疫、抗毒素、抗休克
      - 对儿茶酚胺的允许作用
      - 调节应激反应
        - 应激反应
          - 概念：机体遇到感染、缺氧、饥饿、创伤等有害刺激时，腺垂体分泌ACTH增加，使血中GC浓度升高，从而提高机体抵抗力的非特异性反应
          - 调节：下丘脑-腺垂体-肾上腺皮质轴
      - 促进胃酸分泌
      - 提高CNS兴奋性
    - 分泌的调节

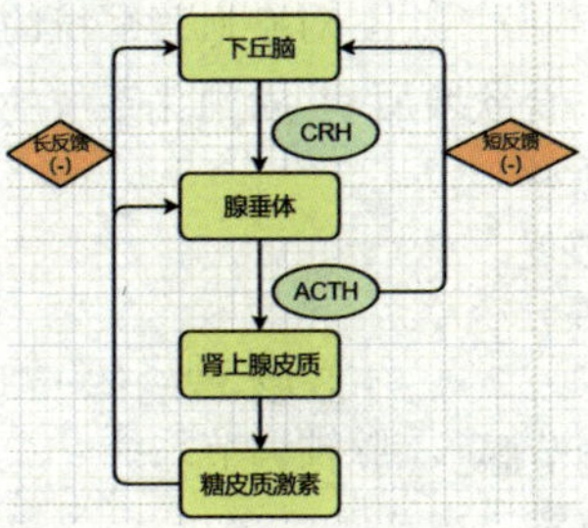

  - 盐皮质激素
    - 来源：肾上腺皮质球状带合成分泌
    - 代表：醛固酮
- 肾上腺髓质激素
  - 代表：去甲肾上腺素、肾上腺素
  - 应急反应
    - 概念：在剧烈运动、剧痛、低血压、寒冷、创伤、恐惧等紧急情况下，交感-肾上腺髓质系统活动加强的适应性反应
    - 调节：交感-肾上腺髓质轴

第十一章 内分泌

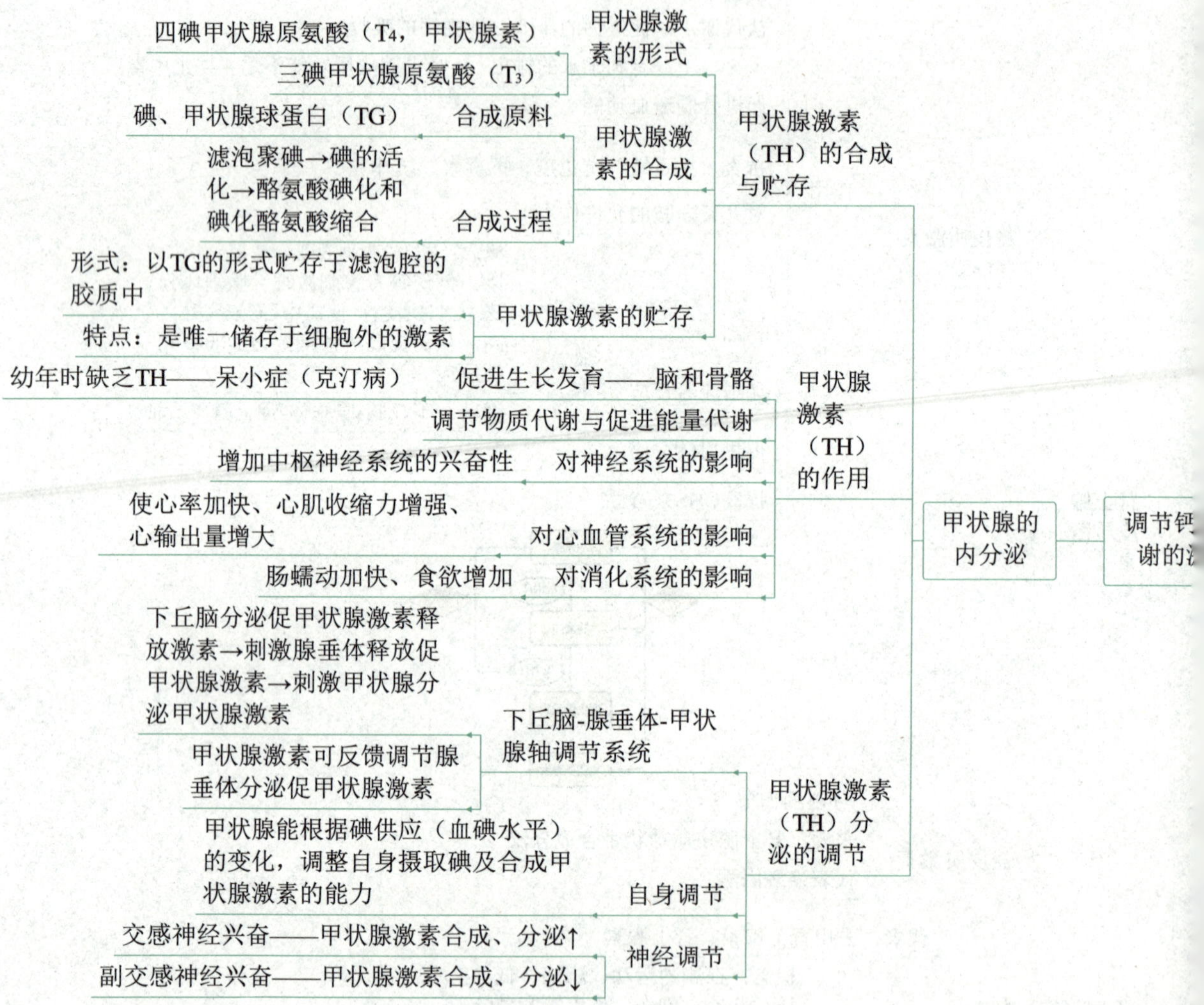

四碘甲状腺原氨酸（T4，甲状腺素）
三碘甲状腺原氨酸（T3）
甲状腺激素的形式
碘、甲状腺球蛋白（TG）
合成原料
滤泡聚碘→碘的活化→酪氨酸碘化和碘化酪氨酸缩合
合成过程
甲状腺激素的合成
形式：以TG的形式贮存于滤泡腔的胶质中
特点：是唯一储存于细胞外的激素
甲状腺激素的贮存
甲状腺激素（TH）的合成与贮存
幼年时缺乏TH——呆小症（克汀病）
促进生长发育——脑和骨骼
调节物质代谢与促进能量代谢
增加中枢神经系统的兴奋性
对神经系统的影响
使心率加快、心肌收缩力增强、心输出量增大
对心血管系统的影响
肠蠕动加快、食欲增加
对消化系统的影响
甲状腺激素（TH）的作用
下丘脑分泌促甲状腺激素释放激素→刺激腺垂体释放促甲状腺激素→刺激甲状腺分泌甲状腺激素
甲状腺激素可反馈调节腺垂体分泌促甲状腺激素
下丘脑-腺垂体-甲状腺轴调节系统
甲状腺能根据碘供应（血碘水平）的变化，调整自身摄取碘及合成甲状腺激素的能力
自身调节
交感神经兴奋——甲状腺激素合成、分泌↑
副交感神经兴奋——甲状腺激素合成、分泌↓
神经调节
甲状腺激素（TH）分泌的调节
甲状腺的内分泌

- 女性生殖
  - 卵巢的功能与周期性变化
    - 功能
      - 生卵
        - 产生卵子并排卵
      - 内分泌
        - 雌激素
          - 代表：雌二醇、雌酮、雌三醇
          - 作用
            - 卵巢：促进卵泡发育成熟以及排卵过程
            - 输卵管：促进输卵管上皮细胞增生，促进输卵管的运动
            - 子宫：促进子宫发育，使内膜呈增殖性变化；使排卵期宫颈口松弛、扩张，分泌大量清亮、稀薄的黏液
            - 阴道：使阴道黏膜上皮细胞增生、角化、黏膜增厚；使糖原含量增加，糖原分解使阴道呈酸性，增强阴道抗感染能力
            - 乳腺：刺激乳腺导管和结缔组织增生，促进乳腺发育
            - 代谢：促进蛋白质合成和生长发育；促进HDL合成；促进骨钙沉积和水、钠潴留
        - 孕激素
          - 代表：孕酮、20α-羟孕酮和17α-羟孕酮
          - 作用
            - 维持妊娠，利于安胎
            - 抑制排卵
            - 使子宫内膜从增殖期转化为分泌期
            - 促进乳腺腺泡的发育
            - 产热
        - 其他：抑制素、雄激素和多种肽类激素
    - 卵巢周期与其变化
      - 卵泡期
        - 卵泡的内膜细胞和颗粒细胞分泌雌激素
      - 排卵
        - 排卵日：下次月经来潮前的14天
      - 黄体期
        - 黄体细胞分泌雌激素和孕激素

第十二章 生殖

- 男性生殖
  - 生殖器官
    - 主性器官：睾丸
    - 附性器官：附睾、输精管、精囊、前列腺、尿道球腺和阴茎等
  - 睾丸的功能
    - 生精
      - 部位：曲细精管
      - 过程：精原细胞→初级精母细胞→次级精母细胞→精子细胞→精子
    - 内分泌
      - 雄激素
        - 分泌部位：睾丸间质细胞
        - 代表：睾酮、双氢睾酮、脱氢表雄酮等
        - 作用
          - 维持生精
          - 刺激附性器官的生长发育；促进男性第二性征的出现并维持之；维持正常的性欲
          - 促进蛋白质合成；促进骨骼生长与钙磷沉积；促进红细胞生成；促进水、钠潴留
      - 抑制素
        - 分泌部位：睾丸支持细胞
        - 作用：抑制腺垂体合成和分泌卵泡刺激素（FSH）
  - 睾丸功能的调节
    - 下丘脑-腺垂体的调节
      - 下丘脑分泌GnRH→促进腺垂体分泌FSH和LH
        - LH（黄体生成素）主要作用于睾丸间质细胞
        - FSH（卵泡刺激素）主要作用于生精细胞与支持细胞
      - 睾丸激素对下丘脑-腺垂体的反馈调节

- 娠
  - 受精
    - 概念：精子穿入卵子并相互融合的过程
    - 部位：卵巢排出的卵子停留在输卵管壶腹部与峡部；精子与卵子在输卵管壶腹部相遇
    - 过程
      - 精子的运行
      - 精子获能
        - 概念：精子必须在女性生殖道中停留几小时，才能获得使卵子受精的能力
      - 顶体反应
        - 概念：精子与卵子接触后，精子顶体外膜与精子头部细胞膜融合、破裂，形成许多小孔，释放出顶体酶，以溶解卵子周围的放射冠及透明带的过程
  - 着床
    - 概念：受精后第6~7天，晚期胚泡逐渐植入子宫内膜的过程
    - 成功着床依赖的条件
      - 胚泡与母体的相互识别
      - 胚泡发育与母体子宫内膜的变化同步
      - 母体排斥反应的抑制
      - 母体接受性等条件的完善
      - 母体和胚泡激素的调控作用
  - 妊娠的维持
    - 初期
      - 人绒毛膜促性腺激素（hCG）
        - 刺激卵巢黄体© 体®分泌雌、孕
    - 胎盘形成后
      - 胎盘分泌的激素
        - hCG
        - 雌激素（雌三醇）
        - 孕激素
        - 其他：人绒毛膜生长
  - 胎儿的生长

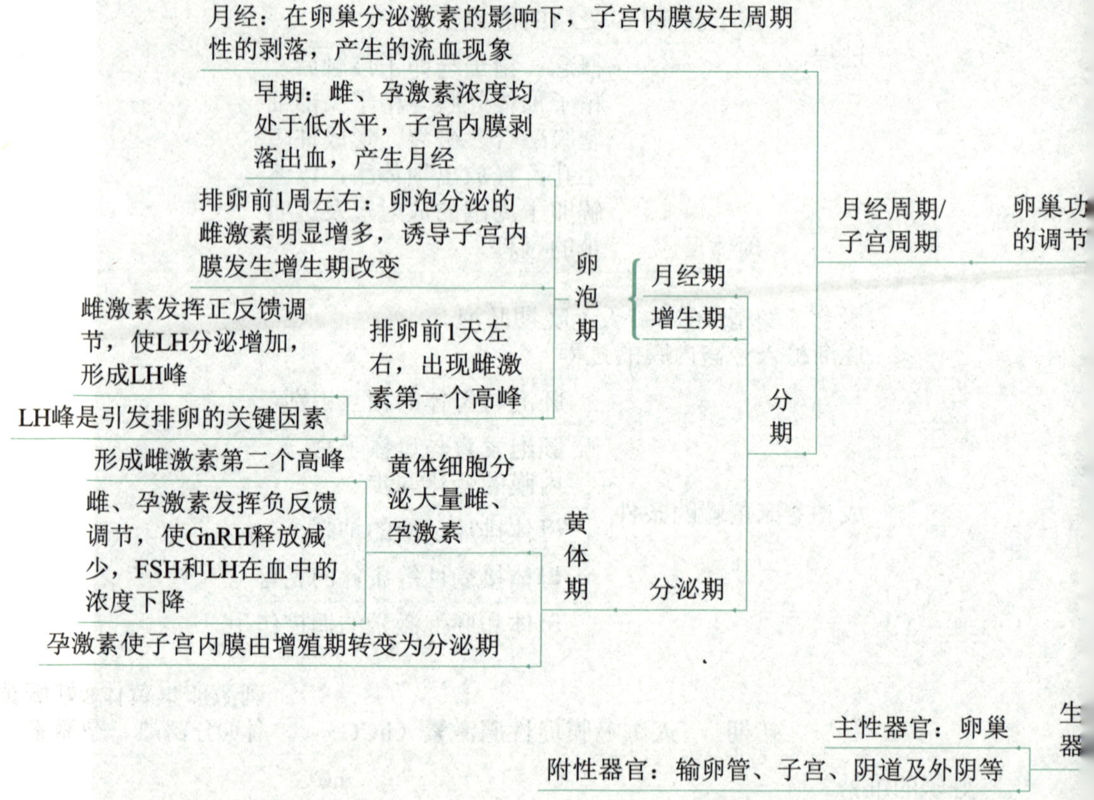
月经：在卵巢分泌激素的影响下，子宫内膜发生周期性的剥落，产生的流血现象
早期：雌、孕激素浓度均处于低水平，子宫内膜剥落出血，产生月经
排卵前1周左右：卵泡分泌的雌激素明显增多，诱导子宫内膜发生增生期改变
雌激素发挥正反馈调节，使LH分泌增加，形成LH峰
排卵前1天左右，出现雌激素第一个高峰
LH峰是引发排卵的关键因素
形成雌激素第二个高峰
黄体细胞分泌大量雌、孕激素
雌、孕激素发挥负反馈调节，使GnRH释放减少，FSH和LH在血中的浓度下降
孕激素使子宫内膜由增殖期转变为分泌期
卵泡期
月经期
增生期
黄体期
分泌期
分期
月经周期/子宫周期
卵巢功能的调节
主性器官：卵巢
附性器官：输卵管、子宫、阴道及外阴等
生殖器

- 甲状旁腺激素（PTH）
  - 来源：甲状旁腺主细胞合成和分泌
  - 靶器官：骨、肾
  - 作用（升血钙、降血磷）
    - 动员骨钙入血
    - 促进肾小管对钙的重吸收，减少尿钙排泄
    - 抑制肾小管对磷的重吸收，促进磷的排出
  - 分泌的调节
    - 血钙水平（最主要）
      - 血钙↓→PTH↑
- 降钙素（CT）
  - 来源：甲状腺C细胞分泌
  - 靶器官：骨、肾
  - 作用（降血钙、降血磷）
    - 促进血钙、血磷沉积入骨
    - 抑制肾小管对钙、磷的重吸收，促进其排泄
  - 分泌的调节
    - 血钙水平（最主要）
      - 血钙↑→CT↑
- 维生素D_3（胆钙化醇）
  - 作用形式：1,25-二羟维生素D_3（钙三醇）
    - 靶器官：小肠、骨、肾
    - 作用（升血钙、升血磷）
      - 促进小肠黏膜上皮细胞吸收钙、磷
      - 动员骨钙入血；促进骨钙沉积（综合效应，升高血钙）
      - 促进肾小管对钙、磷的重吸收，减少钙、磷的排泄
    - 分泌的调节
      - 血钙、血磷↓→钙三醇↑

第十一章 内分泌

- 胰岛的内分泌
  - 胰岛素
    - 来源：胰岛β / B细胞分泌
    - 作用
      - 降血糖（促进各组织对糖的摄取和利用，抑制糖原分解和糖异生）
      - 促进脂肪的合成与储存，抑制脂肪的分解
      - 促进蛋白质合成，抑制蛋白质分解
      - 促进钾、镁及磷酸盐进入细胞参与代谢
    - 分泌的调节
      - 血糖浓度（最主要）
        - 血糖↑→胰岛素↑；血糖↓→胰岛素↓
      - 氨基酸和脂肪酸作用
        - 高氨基酸、高血脂→持续刺激胰岛素分泌→胰岛β细胞功能衰竭→糖尿病
      - 其他激素的影响
        - 胃肠激素、生长激素、糖皮质激素、胰高血糖素→促进胰岛素分泌
        - 肾上腺素、去甲肾上腺素→抑制胰岛素分泌
  - 胰高血糖素
    - 来源：胰岛α (A) 细胞分泌
    - 作用
      - 升血糖
      - 促进脂肪的分解及脂肪酸的氧化，使血中酮体生成增多
      - 促进蛋白质的分解并抑制其合成
    - 分泌的调节
      - 血糖浓度（最主要）
        - 血糖↑→胰高血糖素↓
        - 血糖↓→胰高血糖素↑
      - 血中氨基酸水平
        - 血中氨基酸↑→胰高血糖素↑
      - 其他激素的影响
        - 胰岛素、生长抑素→抑制胰高血糖素分泌
        - 胰岛素→促进胰高血糖素分泌

肾上 内分

- 下丘脑-腺垂体
  - 下丘脑促垂体区肽能神经元（分泌下丘脑调节肽）→垂体门脉系统→腺垂体
- 下丘脑-神经垂体
  - 下丘脑视上核和室旁核（合成血管升压素和缩宫素）→垂体束→神经垂体

调

- 促甲状腺激素释放激素（TRH）
- 促性腺激素释放激素（GnRH）
- 促肾上腺皮质激素释放激素（CRH）
- 生长激素释放激素（GHRH）
- 生长激素抑制激素/生长抑素（GHIH/SS）
- 催乳素释放因子（PRF）
- 催乳素释放抑制因子（PIF）
- 促黑激素释放因子（MRF）
- 促黑激素抑制因子（MIF）

（以上）调节腺垂体合成和释放激素

- 促甲状腺激素（TSH）
  - 作用：促进甲状腺激素的合成分泌和甲状腺腺体细胞的增生
- 卵泡刺激素（FSH）、黄体生成素（LH）
  - 作用：调节性腺的活动
- 促肾上腺皮质激素（ACTH）
  - 作用：促进肾上腺皮质的糖皮质激素合成分泌和肾上腺皮质的增生
- 生长激素（GH）
  - 作用
    - 促进生长发育
      - 先诱导肝脏产生胰岛素样生长因子（IGF-1）→促进生长
        - 幼年期GH分泌不足——侏儒症
        - 幼年期GH分泌过多——巨人症
        - 成年后GH分泌过多——肢端肥大症
    - 调节物质代谢
      - 升高血糖
      - 促进脂肪分解
      - 促进蛋白质合成
  - 分泌调节
    - 下丘脑GHRH和GHIH的双重调节
    - GH对下丘脑的负反馈调节
    - IGF-1对GH的负反馈调节
    - 饥饿、运动、低血糖均可刺激GH的分泌
    - 慢波睡眠时，GH分泌明显增加
- 催乳素（PRL）
  - 作用：刺激乳腺成熟、促进乳汁分泌
- 促黑细胞激素（MSH）
  - 作用：刺激黑素细胞合成黑色素

- 来源：下丘脑视上核和室旁核合成，神经垂体释放
- 分类
  - 血管升压素（VP）/抗利尿激素（ADH）
    - 生理状态下——抗利尿作用
    - 浓度较高时——缩血管
  - 催产素/缩宫素（OXT）
    - 分娩时刺激子宫收缩
    - 哺乳期促进乳汁排出

第十章 神经系统的功能

- 学习
  - 两种形式
    - 非联合型学习：习惯化、敏感化
    - 联合型学习：经典条件反射、操作式条件反射
  - 发生条件反射的两种信号系统
    - 第一信号系统（人和动物共有）：指具体的、现实的信号，如光、声、味等刺激
    - 第二信号系统（人类特有）：指抽象的、代表第一信号的信号，即语词
- 大脑皮层的语言功能
  - 说话语言中枢
    - 部位：额下回1/3处（Broca区）
    - 特点：损伤时，导致“运动失语症”
      - 表现：可看懂文字、听懂语言、也可以发音，但无法清晰表达自己的想法
  - 书写语言中枢
    - 部位：额中回后部
    - 特点：损伤时，出现“失写症”
      - 表现：可以听懂别人说话、看懂文字，也会表达，但不会书写
  - 听觉语言中枢
    - 部位：颞上回后部
    - 特点：损伤时，出现“感觉失语症”
      - 表现：可说话和书写，也能看懂文字，但听不懂别人的谈话
  - 视觉语言中枢
    - 部位：角回
    - 特点：损伤时，出现“失读症”
      - 表现：虽然具备知识基础，但是看不懂文字含义

- 神经系统对躯体运动的调节
  - 脑干对肌紧张的调节
    - 脑干网状结构下行抑制区
    - 脑干网状结构下行易化区
      - 易化作用和抑制作用相互对抗而取得平衡—维持正常肌紧张
        - 去大脑僵直
          - 概念：在中脑上、下丘之间切断脑干后，动物出现四肢伸直、头尾昂起、脊柱挺硬等伸肌（抗重力肌）过度紧张，呈角弓反张状态的现象
          - 原因：抑制作用减弱，易化作用占绝对优势
  - 小脑对躯体运动的调节
    - 前庭小脑
      - 作用：维持躯体平衡
    - 脊髓小脑
      - 作用
        - 调节肌紧张
        - 协调随意运动
    - 皮层小脑
      - 作用：参与随意运动的设计和程序的编制
  - 大脑皮层对躯体运动的调节
    - 大脑皮层的主要运动区
      - 分布：中央前回（4区）和运动前区（6区）
      - 特征
        - 交叉支配，头面部的肌肉受双侧支配
        - 倒置分布，头面部代表区的内部安排仍是正立的
        - 精细定位，代表区的大小与运动的精细和复杂程度呈正相关
  - 基底神经节对躯体运动的调节
    - 与基底神经节损伤相关的疾病
      - 帕金森病
      - 舞蹈症（亨廷顿病）

第十章　神经系统的功能

- 神经系统的感觉分析功能
  - 躯体感觉
    - 躯体感觉的类型
      - 浅感觉：触-压觉、痛觉、温度觉
      - 深感觉：本体感觉
    - 躯体感觉的传入通路
      - 丘脑：各种感觉的中继站（嗅觉除外）
      - 丘脑的两种感觉投射系统
        - 特异性投射系统
          - 投射特点：点对点投射，投向大脑皮层的特定区域
          - 投射结果：产生特定的感觉
        - 非特异性投射系统
          - 投射特点：投向大脑皮层的广泛区域
          - 投射结果：维持大脑皮层的兴奋和觉醒
    - 大脑皮层对躯体感觉的分析
      - 体表感觉代表区
        - 第一感觉区（主）
          - 投射部位：中央后回（3-1-2区）
          - 投射特点
            - 交叉投射、单侧（头面部投射——双侧）
            - 整体为倒置安排，头面部内部安排为正立
            - 投射区越大，感觉分辨精细程度越高
        - 第二感觉区
      - 本体感觉代表区
        - 投射部位：中央前回（4区）
          - 此区也是运动区
  - 内脏感觉
    - 内脏痛（特点）
      - 定位不明确（最重要的特点）
      - 发生缓慢、持续时间较长、对刺激的分辨力较差
      - 对切割、烧灼刺激不敏感；机械牵拉、缺血、痉挛和炎症等刺激则容易引起疼痛
      - 常伴有牵涉痛、不愉快情绪和出汗、恶心、血压降低等自主神经反应
        - 牵涉痛—因内脏疾病引起体表一定部位产生疼痛或痛觉过敏的现象
  - 特殊感觉
    - 视觉
      - 代表区：枕叶
    - 听觉
      - 代表区：颞横回和颞上回

- 经递和受
  - 中枢神经递质
    - 乙酰胆碱
    - 单胺类：多巴胺、去甲肾上腺素、5-羟色胺
    - 氨基酸类
      - 兴奋性氨基酸：谷氨酸、门冬氨酸
      - 抑制性氨基酸：甘氨酸、γ-氨基丁酸
  - 外周神经递质
    - 乙酰胆碱
      - 来源：胆碱能神经末梢释放
        - 躯体运动神经
        - 自主神经的节前纤维
        - 副交感神经的节后纤维
        - 支配汗腺分泌、骨骼肌血管舒张的交感神经的节后纤维
      - 作用与效应：与胆碱受体结合
        - M受体被激动：心肌、平滑肌、腺体
          - 循环器官：心脏活动减弱，骨骼肌血管舒张
          - 呼吸器官：支气管平滑肌收缩
          - 消化器官：胃肠道平滑肌收缩、括约肌舒张，消化腺分泌增加
          - 泌尿器官：逼尿肌收缩、括约肌舒张
          - 眼：瞳孔缩小
          - 其他：腺体（唾液腺、汗腺等）分泌增加
        - N受体被激动：骨骼肌（N_2）：骨骼肌收缩
    - 去甲肾上腺素
      - 来源：去甲肾上腺素能神经末梢释放：大部分交感神经的节后纤维
      - 作用与效应：与肾上腺素能受体结合（心肌、平滑肌、腺体）
        - α：$α_1$被激动：皮肤、肾、胃肠血管收缩；瞳孔开大肌收缩
        - β
          - $β_1$被激动：心脏兴奋；肾素分泌增加
          - $β_2$被激动：骨骼肌血管舒张；冠状血管舒张；支气管舒张

- 经的息递式
  - 突触
    - 概念：神经元与神经元之间，或神经元与其他类型细胞之间的功能联系部位或装置
    - 突触传递
      - 电突触传递：结构基础：缝隙连接
      - 化学性突触传递
        - 定向突触传递：神经冲动传至神经末梢→突触前膜去极化→电压门控钙通道开放→钙离子内流→突触囊泡与前膜融合，释放递质
          - 兴奋性递质→Na^+内流→突触后膜局部去极化→产生兴奋性突触后电位（EPSP）
          - 抑制性递质→Cl^-内流→突触后膜超极化→产生抑制性突触后电位（IPSP）
        - 非定向突触传递（非突触性化学传递）：存在曲张体
    - 突触传递的特征（兴奋在中枢传递的特征）

第九章　感觉器官的功能

- 眼的折光功能
  - 折光的光学介质
    - 角膜
    - 房水
    - 晶状体
    - 玻璃体
  - 眼的调节
    - 眼视近物时的调节
      - 晶状体变凸：曲率增大——折光能力增强
      - 瞳孔缩小：减少进入眼内的光线量，减小球面像差和色像差
      - 视轴汇聚：产生单一视觉，避免复视
    - 瞳孔对光反射
      - 双侧性
        - 强光照射——瞳孔缩小
        - 光线变弱——瞳孔扩大
      - 反射中枢：中脑
  - 折光异常
    - 近视眼
      - 原因：眼球前后径过长或折光系统的折光能力过强
      - 特点：近点、远点近移
      - 矫正：佩戴凹透镜
    - 远视眼
      - 原因：眼球前后径过短或折光系统的折光能力太弱
      - 特点：近点远移，远点消失
      - 矫正：佩戴凸透镜
    - 老视眼
      - 原因：晶状体弹性下降，眼的调节能力降低，近点远移
      - 特点：视近物时，需用凸透镜矫正；视远物时正常
    - 1. 近点：眼进行最大程度的调节后，所能看清眼前物体的最近距离
    - 2. 远点：眼未做任何调节时，所能看清目标物体的最远距离
- 眼的感光功能
  - 感光系统：视网膜细胞
    - 视杆细胞
      - 分布：视网膜周边部
      - 作用：负责夜视觉
      - 特点：对光的敏感度高；无色觉；对被视物体细微结构的分辨率低
      - 感光物质：视紫红质
    - 视锥细胞
      - 分布：视网膜中央凹
      - 作用：负责明视觉
      - 特点：对光的敏感度低；有色觉；对被视物体细微结构的分辨率高
- 视觉生理现象
  - 视力
    - 概念：眼对物体细微结构的辨别能力
  - 视野
    - 概念：单眼固定注视正前方一点时所能看到的空间范围
    - 白色最大；绿色最小
  - 明适应
    - 当人长时间处于暗处而突然进入明亮处时，最初看不清任何物体，需经过一定时间后才能恢复在明亮处的视觉的现象
  - 暗适应
    - 当人长时间处于明亮处而突然进入暗处时，最初看不清任何物体，需经过一定时间后才能恢复在暗处的视觉的现象

主
内
节

- 尿的排放
  - 排尿反射
    - 感受器：膀胱壁的牵张感受器
    - 传入神经：盆神经
    - 反射中枢
      - 初级中枢：脊髓骶段
      - 高级中枢：大脑皮层
    - 传出神经：盆神经
    - 效应器：膀胱逼尿肌，尿道内、外括约肌
  - 尿量
    - 正常：正常成人24小时尿量为1000~2000 ml，平均1500 ml
    - 异常
      - 少尿：成人每24小时尿量持续100~500 ml或每小时少于17 ml
      - 多尿：成人每24小时尿量持续超过2500 ml
      - 无尿或尿闭：成人每24小时尿量少于100 ml
  - 排尿异常
    - 尿潴留：原因：反射弧受损或尿道受阻
    - 尿失禁：原因：初级中枢与高级中枢失去联系
    - 尿频：原因：膀胱炎或膀胱受到机械刺激

第八章　尿的生成与排出

- 近端小管（主）
  - 水
    - 吸收方式：被动吸收
  - Na^+
    - 吸收方式
      - 前半段—主动吸收
        - Na^+-H^+交换
        - Na^+-葡萄糖/氨基酸同向转运体
      - 后半段—被动吸收
  - Cl^-
    - 吸收方式：被动吸收
  - HCO_3^-
    - 以CO_2的形式被吸收
  - 葡萄糖
    - 吸收部位：仅限于近端小管
    - 吸收方式：继发性主动转运
      1. 近端小管重吸收糖有限度
      2. 肾糖阈：尿中刚开始出现葡萄糖的最低血糖浓度
      3. 血糖＞肾糖阈时，出现尿糖现象
- 髓袢升支粗段
  - 吸收方式：继发性主动转运
    - Na^+-$2Cl^-$-K^+同向转运体
- 远曲小管和集合管
  - 主细胞
    - 重吸收Na^+和水、分泌K^+
  - 闰细胞
    - 分泌H^+

- H^+的分泌
  - 分泌部位：近端小管、远曲小管和集合管
  - 分泌方式
    - Na^+-H^+交换
- K^+的分泌
  - 分泌部位：远曲小管和集合管
  - 分泌方式
    - Na^+-K^+交换
- NH_3的分泌
  - $NH_3+H^++Cl^-\rightarrow NH_4Cl$

脏的
力能

- 肾小球的滤过功能
  - 肾小球滤过率
    - 概念：单位时间内（每分钟）两肾生成的超滤液量
    - 正常值：125 ml/min
  - 滤过分数
    - 概念：肾小球滤过率与肾血浆流量的比值
  - 结构基础：滤过膜
    - 电荷屏障 —— 带正电的分子易通过
    - 机械屏障 —— 小分子易通过
  - 滤过动力：有效滤过压
    - 有效滤过压=肾小球毛细血管血压−（血浆胶体渗透压+囊内压）
  - 影响滤过的因素
    - 有效滤过压↑→滤过率↑
      - 肾小球毛细血管血压↑
      - 血浆胶体渗透压↓
      - 囊内压↓
    - 滤过膜的面积和通透性
      - 面积↓→滤过率↓
      - 通透性↑→尿液性质出现异常变化
    - 肾血浆流量
      - 肾血浆流量↑→滤过率↑

的结
与血
循环

第七章　能量代谢与体温

- 体温
  - 能量代谢
    - 概念：生物体在物质代谢过程中所发生的能量的释放、转移、储存和利用
    - 能量代谢的测定
      - 食物的热价：1g食物在体内氧化或在体外燃烧时所释放的能量
      - 食物的氧热价：某种食物氧化时消耗1L氧所产生的热量
      - 呼吸商：一定时间内机体呼出的CO_2与吸入的O_2量的比值
        - 糖：1.0
        - 脂肪：0.71
        - 蛋白质：0.8
    - 影响能量代谢的因素
      - 肌肉活动（最显著）
      - 精神活动
      - 食物的特殊动力作用
        - 概念：因进食刺激机体额外消耗能量的现象
        - 蛋白质＞糖类＞脂肪
      - 环境温度
        - 20～30℃能量代谢最稳定（水平较低）
        - ＜20℃，代谢率增加；＜10℃，代谢率显著增加
        - ＞30℃，代谢率增加
    - 基础代谢
      - 基础代谢率
        - 概念：基础状态下单位时间内的能量代谢
        - 正常范围：正常标准的±15%以内
        - 注：能量代谢率与体重不成比例关系，而与体表面积成正比
      - 基础状态
        - 清醒、静卧、无肌紧张、至少2小时以上无剧烈运动、无精神紧张、餐后12~14小时、室温在20～25℃
      - 甲状腺功能亢进——基础代谢率增加

化

- 大肠的功能
  - 大肠的运动
    - 运动形式
      - 袋状往返运动
      - 分节推进或多袋推进运动
      - 蠕动
      - 集团蠕动
  - 大肠的功能
    - 储存食物残渣并从中吸收水、无机盐和维生素，将食物残渣形成粪便，并通过排便反射排出体外
- 吸收
  - 吸收的部位和途径
    - 吸收的主要部位：小肠
      - 十二指肠、空肠：大多数营养物质的吸收
      - 回肠：胆盐、维生素B_{12}的吸收
  - 小肠内主要营养物质的吸收
    - 糖的吸收
      - 吸收形式：单糖
      - 吸收方式：继发性主动转运
    - 蛋白质的吸收
      - 吸收形式：氨基酸、寡肽
      - 吸收方式：继发性主动转运
    - 脂肪的吸收
      - 吸收形式：甘油单酯、甘油、游离脂肪酸、胆固醇
      - 吸收方式：以淋巴为主
    - 无机盐的吸收
      - 铁的吸收
        - 吸收形式：亚铁
        - 吸收调节：维生素C/胃酸促进吸收
      - 钙的吸收
        - 吸收调节：维生素D促进吸收
    - 水的吸收
      - 吸收方式：被动吸收

第六章　消化与吸收

- 口腔内消化
  - 唾液及其分泌
    - 成分
      - 水分、无机物、有机物（如黏蛋白、唾液淀粉酶、溶菌酶等）
    - 作用
      - 湿润口腔和溶解食物
      - 清除口腔中的食物残渣，清洁和保护口腔
      - 杀菌
      - 水解淀粉
      - 排泄
    - 分泌的调节
      - 交感神经兴奋——刺激唾液腺分泌黏稠唾液
      - 副交感神经兴奋——刺激唾液腺分泌稀薄唾液
      - 阿托品——抑制唾液分泌
  - 咀嚼和吞咽
    - 食管下括约肌
      - 结构：存在于食管下端和胃连接处的一个3~5cm的高压区
      - 作用：阻止胃内容物逆流入食管

图书在版编目 (CIP) 数据

一本好题．生理学 / 好老师升学帮专升本考试命题研究中心编．-- 成都：四川科学技术出版社，2022.12

专升本考试备考用书

ISBN 978-7-5727-0683-7

Ⅰ．①一… Ⅱ．①好… Ⅲ．①生理学－成人高等教育－习题集－升学参考资料 Ⅳ．① G724.4

中国版本图书馆 CIP 数据核字 (2022) 第 163272 号

专升本考试备考用书 一本好题 生理学

ZHUANSHENGBEN KAOSHI BEIKAO YONGSHU YIBEN HAOTI SHENGLIXUE

编　　者　好老师升学帮专升本考试命题研究中心
出 品 人　程佳月
责任编辑　谌媛媛
助理编辑　王星懿
封面设计　张雨容
责任出版　欧晓春
出版发行　四川科学技术出版社
　　　　　成都市锦江区三色路 238 号 邮政编码 610023
　　　　　官方微博 http://weibo.com/sckjcbs
　　　　　官方微信公众号 sckjcbs
　　　　　传真 028-86361756
成品尺寸　185 mm × 260 mm
印　　张　14.5
字　　数　290 千
印　　刷　天津盛奥传媒印务有限公司
版　　次　2022 年 12 月第 1 版
印　　次　2022 年 12 月第 1 次印刷
定　　价　85.00 元

ISBN 978-7-5727-0683-7

邮　　购：成都市锦江区三色路 238 号新华之星 A 座 25 层　邮政编码：610023
电　　话：028-86361770

好老师升学帮®

专升本考试备考用书

一本好题

生理学

好老师升学帮专升本考试命题研究中心 编

四川科学技术出版社

winshare文轩

四川科学技术出版社

统招专升本考试必备用书

重庆专升本

《重庆专升本考试考点分析与真题题解大学语文》
《重庆专升本考试考点分析与真题题解大学英语》
《重庆专升本考试考点分析与真题题解高等数学》
《重庆专升本考试考点分析与真题题解计算机基础》
《重庆市普通高校专升本统一选拔考试大学语文》
《重庆市普通高校专升本统一选拔考试高等数学》
《重庆专升本考试一本好题大学语文》
《重庆专升本考试一本好题大学英语》
《重庆专升本考试一本好题高等数学》
《重庆专升本考试一本好题计算机基础》
《重庆市普通高校专升本统一选拔考试大学英语》
《重庆市普通高校专升本统一选拔考试计算机基础》

四川专升本

《四川专升本考试考点全解与真题演练——大学语文》
《四川专升本考试考点全解与真题演练——大学英语》
《四川专升本考试考点全解与真题演练——高等数学》
《四川专升本考试考点全解与真题演练——大学计算机基础》

陕西专升本

《陕西专升本考试一本好题 大学语文》
《陕西专升本考试一本好题 大学英语》
《陕西专升本考试一本好题 高等数学》

贵州专升本

《贵州专升本考试一本好题——大学语文》
《贵州专升本考试一本好题——大学英语》
《贵州专升本考试一本好题——高等数学》

云南专升本

《云南专升本考试一本好题——大学语文》
《云南专升本考试一本好题——公共英语》
《云南专升本考试一本好题——高等数学》
《云南专升本考试一本好题——基础会计》
《云南专升本考试一本好题——公共化学》

一本好词

《一本好词 全国专升本英语词汇》

一本好题

《专升本考试备考用书 一本好题 生理学》

关注微信公众号
观看视频

下载好老师升学帮APP
观看视频

QQ交流群二维码

- 的基本征
  - 新陈代谢
    - 特点：生命最基本的特征
    - 分类
      - 合成代谢（同化作用）
      - 分解代谢（异化作用）
      - } 物质代谢、能量代谢
  - 兴奋性
    - 概念：活的细胞、组织或机体接受刺激后产生反应的能力或特性
    - 刺激
      - 本质：内、外环境的变化
      - 有效刺激三要素
        - 一定的刺激强度
          - 阈强度（阈值）：能引起活组织细胞产生反应的最小刺激强度
          - 阈值是衡量兴奋性的指标，二者呈反变关系
        - 一定的作用时间
        - 一定的强度—时间变化率
    - 可兴奋细胞兴奋的标志——产生动作电位
  - 其他：适应性、生殖

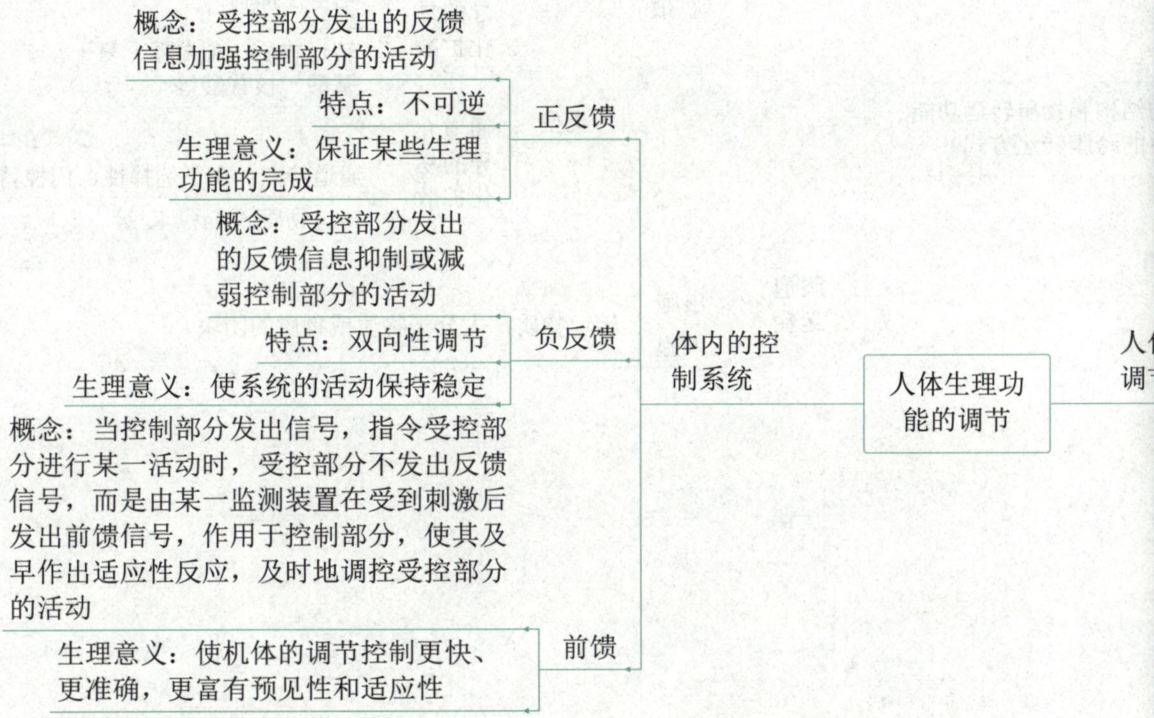
概念：受控部分发出的反馈信息加强控制部分的活动
特点：不可逆
生理意义：保证某些生理功能的完成
正反馈
概念：受控部分发出的反馈信息抑制或减弱控制部分的活动
特点：双向性调节
生理意义：使系统的活动保持稳定
负反馈
概念：当控制部分发出信号，指令受控部分进行某一活动时，受控部分不发出反馈信号，而是由某一监测装置在受到刺激后发出前馈信号，作用于控制部分，使其及早作出适应性反应，及时地调控受控部分的活动
生理意义：使机体的调节控制更快、更准确，更富有预见性和适应性
前馈
体内的控制系统
人体生理功能的调节
人
调

- 结构和物质转运功能的跨膜转运方式）
  - 被动转运
    - 单纯扩散
      - 特点：顺浓度梯度转运、不耗能、不需要膜蛋白帮助
      - 转运物质：O_2、CO_2、N_2、水、乙醇、甘油、尿素等
    - 易化扩散
      - 特点：顺浓度梯度或电位梯度转运、不耗能、需膜蛋白帮助
      - 类型
        - 载体介导的易化扩散
          - 载体特点：特异性、饱和现象、竞争性抑制
          - 转运物质：葡萄糖、氨基酸、核苷酸等
        - 通道介导的易化扩散
          - 通道特点：离子选择性、门控特性
          - 转运物质：Na^+、K^+等
  - 膜泡运输
    - 出胞
    - 入胞
    - （出胞、入胞）转运物质：大分子物质或物质的团块

第二章　细胞的基本功能

- 动作电位（AP）（骨骼肌细胞/神经细胞
  - 概念：细胞在受到有效刺激后，膜电位在静息电位的基础上产生的一个迅速的可向远处传播的电位波动
  - 形成机制：Na^+内流
    - 局部电位
      - 特点
        - 电位幅度小且呈电紧张性扩布
        - 非“全或无”式（电位幅度与刺激强度有关）
        - 总和效应
        - 无不应期
    - 阈电位
      - 概念：能够触发动作电位的临界膜电位值
      - 特点：膜对Na^+的通透性突然增大，Na^+迅速大量内流
    - 动作电位
      - 特点
        - “全或无”式
        - 不衰减传播
        - 脉冲式发放（不融合）
  - 时相、形成机制与特点
    - 去极化相——Na^+内流
    - 复极化相——K^+外流
    - 超射——接近于Na^+平衡电位
    - 锋电位——动作电位产生的标志
  - 传导机制：局部电流

- 神经-肌接头的兴奋传递
  - 兴奋传递过程
    - 步骤一：神经纤维动作电位→接头前膜去极化→电压门控钙通道开放
    - 步骤二：Ca^{2+}进入神经末梢
    - 步骤三：突触囊泡与接头前膜融合、释放ACh→ACh与终板膜上的N_2型ACh受体结合并激活受体
    - 步骤四：终板膜对Na^{+}、K^{+}（尤其是Na^{+}）通透性增加
    - 步骤五：终板膜去极化形成终板电位→进一步引发动作电位

- 兴奋—收缩耦联
  - 结构基础——三联管［横管（T管）与两侧的终池组成］
  - 耦联因子——Ca^{2+}
  - 肌原纤维和肌节
    - 肌原纤维
      - 粗肌丝
        - 肌球蛋白
      - 细肌丝
        - 肌动蛋白
        - 原肌球蛋白
        - 肌钙蛋白
      - （肌球蛋白、肌动蛋白、原肌球蛋白、肌钙蛋白）→ 肌肉收缩机制——肌丝滑行
    - 肌节（肌小节）
      - 部位：肌原纤维上相邻两条Z线之间的区域
      - 意义：肌肉收缩和舒张的基本单位

- 影响骨骼肌收缩效能的因素
  - 骨骼肌的收缩形式
    - 等长收缩：收缩时肌肉的长度保持不变，只有张力的增加
    - 等张收缩：收缩时只发生肌肉缩短而张力保持不变
  - 影响收缩效能的因素
    - 前负荷——肌肉收缩前所承受的负荷，决定了肌肉的初长度
    - 后负荷——肌肉收缩过程中所承受的负荷
    - 肌肉收缩能力
    - 收缩的总和
      - 完全强直收缩：总和发生在前一次收缩的收缩期
      - 不完全强直收缩：总和发生在前一次收缩的舒张期

第三章　血液

- 血
  - 血液的功能
    - 运输气体、营养物质、代谢产物、激素等
    - 缓冲酸碱
    - 调节体温
    - 参与生理性止血
    - 免疫防御
  - 血液的组成
    - 血液的组成
      - 血浆
        - 除去纤维蛋白原后，得到血清
        - 组成
          - 血浆蛋白
            - 血浆中多种蛋白质的总称（白蛋白最多，球蛋白次之，纤维蛋白原最少）
            - 功能
              - 形成血浆胶体渗透压，调节血管内外的水平衡
              - 作为载体运输物质
              - 参与血液凝固、抗凝和纤溶等过程
              - 免疫防御作用
              - 营养功能
              - 与甲状腺激素、肾上腺皮质激素、性激素等结合，维持其在血浆中较长的半衰期
          - 水和无机盐
          - 非蛋白含氮化合物
      - 血细胞
        - 红细胞
          - 血细胞比容（红细胞比容）：血细胞在全血中所占的容积百分比
            - 正常成年男性：40%~50%
            - 正常成年女性：37%~48%
            - 新生儿：约55%
        - 白细胞
        - 血小板
    - 血量
      - 正常：体重的7%~8%（70~80 ml/kg）

- 血细胞生理
  - 红细胞
  - 白细胞
    - 数量：（4.0~10.0）×10^9/L
    - 类型
      - 中性粒细胞——急性炎症时的主要反应细胞
      - 嗜酸性粒细胞——机体发生过敏反应、寄生虫感染时，其数量将增加
      - 嗜碱性粒细胞
      - 单核细胞
      - 淋巴细胞
  - 血小板
    - 数量：（100~300）×10^9/L
    - 生理特性
      - 黏附
      - 释放
      - 聚集
      - 收缩
      - 吸附
    - 功能
      - 参与生理性止血
      - 促进血液凝固
      - 维持毛细血管内皮的完整性

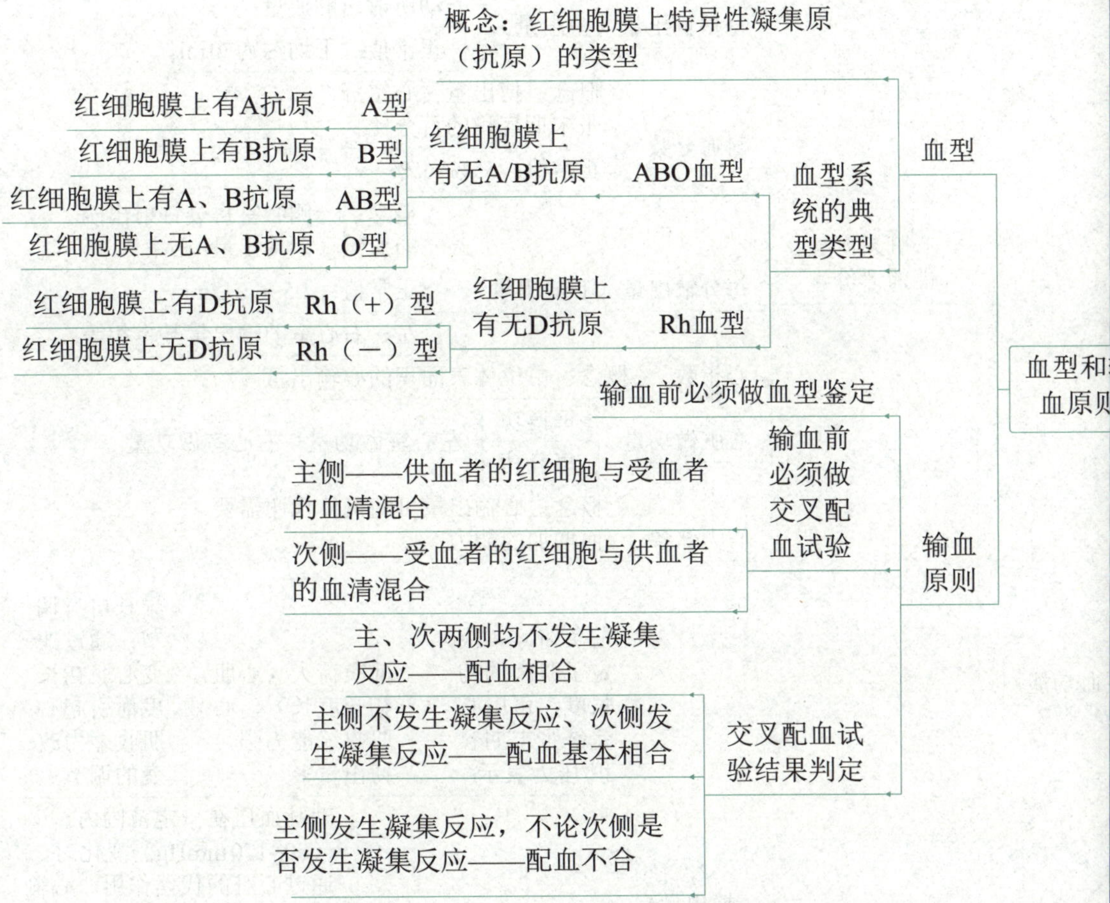
概念：红细胞膜上特异性凝集原（抗原）的类型
红细胞膜上有A抗原
A型
红细胞膜上有B抗原
B型
红细胞膜上有A、B抗原
AB型
红细胞膜上无A、B抗原
O型
红细胞膜上有无A/B抗原
ABO血型
血型系统的典型类型
血型
红细胞膜上有D抗原
Rh（+）型
红细胞膜上无D抗原
Rh（－）型
红细胞膜上有无D抗原
Rh血型
血型和
血原则
输血前必须做血型鉴定
主侧——供血者的红细胞与受血者的血清混合
次侧——受血者的红细胞与供血者的血清混合
输血前必须做交叉配血试验
输血原则
主、次两侧均不发生凝集反应——配血相合
主侧不发生凝集反应、次侧发生凝集反应——配血基本相合
交叉配血试验结果判定
主侧发生凝集反应，不论次侧是否发生凝集反应——配血不合

- 血功能
  - 心脏泵血功能的评价
    - 每搏输出量（搏出量）
      - 概念：一侧心室一次搏动所射出的血量
      - 正常值：平均约为70ml
    - 射血分数
      - 概念：搏出量占心室舒张末期容积的百分比
      - 正常值：55%~65%
    - 每分输出量（心输出量）
      - 概念：一侧心室每分钟射出的血量（即搏出量×心率）
      - 正常值：4.5~6.0L/min
      - 左、右心室的输出量基本相等
    - 心指数　概念：单位体表面积的心输出量
    - 心脏做功量
      - 每搏功
      - 每分功
      - （每搏功、每分功）左心室做功量＞右心室做功量
    - 心力储备　概念：心输出量可随机体代谢需要而增加的能力
  - 心输出量及其影响因素
    - 搏出量
      - 前负荷——决定了肌肉的初长度，可用心室舒张末期容积/压力表示
        - 前负荷大（心肌初长度长），心肌收缩能力强，搏出量多
          - 异长自身调节：通过改变心肌初长度而引起心肌收缩力改变的调节
      - 后负荷——动脉血压
        - 动脉血压在一定范围内（80~170mmHg）变化时，通过心脏的代偿作用，心输出量无明显改变
        - 动脉血压高于170mmHg，心输出量下降
      - 心肌收缩能力　心肌收缩能力增强，搏出量增加
    - 心率
      - 搏出量不变，心率在一定范围内（40~180次/分）增加，心输出量增加
      - 心率＞180次/分，心室充盈期缩短，充盈量减少，搏出量减少，心输出量减少
      - 心率＜40次/分，心舒期的延长已不能增加充盈量和搏出量，心输出量减少

第四章 血液循环

- 心脏的……象和……
  - 心肌的生理特性
    - 兴奋性
      - 概念：心肌细胞受到刺激时，产生兴奋的能力
      - 兴奋性的周期变化
        - 有效不应期（有效不应期长，相当于心肌机械活动的整个收缩期和舒张早期，保证心肌不会发生强直收缩）
          - 绝对不应期：兴奋性为零，刺激阈值无限大
          - 局部反应期：兴奋性低于正常，阈上刺激可使肌膜发生局部去极化
        - 相对不应期：兴奋性低于正常，阈上刺激可使肌膜产生动作电位
        - 超常期：兴奋性高于正常，阈下刺激可使肌膜产生动作电位
      - 影响兴奋性的因素
        - 静息电位/最大复极电位与阈电位之间的差距
        - 引起0期去极化的离子通道的性状（通道是否处于备用状态是各类心肌细胞是否具有兴奋性的前提）
          - 快反应细胞——钠通道
          - 慢反应细胞——L型钙通道
    - 自律性
      - 概念：无外来刺激，心肌细胞自动产生节律性兴奋的特性
      - 影响自律性的因素
        - 4期自动去极速度（主）
        - 最大复极电位与阈电位之间的差距
    - 传导性
      - 概念：心肌细胞传导兴奋的能力
      - 房-室延搁
        - 特点：兴奋在房室交界处传导最慢
        - 意义：避免心房和心室同时收缩，有利于心室的充盈和射血
      - 影响传导性的因素
        - 细胞直径：细胞直径小，电阻大，产生的局部电流小，兴奋传导慢
        - 0期去极化的速度和幅度：0期去极化的速度快、幅度大，兴奋传导快
        - 邻近未兴奋部位膜的兴奋性：邻近细胞膜静息电位与阈电位之间的差距大，即兴奋性低时，传导慢
    - 收缩性
      - 由动作电位触发，通过兴奋-收缩耦联使肌丝滑行而引起
      - 心肌不同于骨骼肌之处
        - 同步收缩
        - 不发生完全强直收缩
        - 对细胞外的钙离子依赖强

- 静脉血压和静脉回心血量
  - 静脉血压
    - 外周静脉压
    - 中心静脉压
      - 概念：右心房和胸腔内大静脉的血压
      - 正常值：4~12 cmH_2O
  - 静脉血流
    - 单位时间内由静脉回流入心脏的血量等于心输出量
    - 静脉回心血量的影响因素
      - 体循环平均充盈压——循环系统血量充盈，回心血量多
      - 心脏收缩力——心脏收缩力强，回心血量多
      - 体位改变——从卧位变为立位，回心血量减少
      - 骨骼肌的挤压作用，可促使血液回心
      - 呼吸运动——吸气时，胸膜腔负压增大，中心静脉压降低，促使血液回心

- 微循环
  - 血流通路
    - 迂回通路（营养通路）
      - 路径：血液→微动脉、后微动脉→毛细血管前括约肌和真毛细血管网→微静脉
      - 功能：物质交换
    - 直捷通路
      - 路径：血液→微动脉、后微动脉→通血毛细血管→微静脉
      - 功能：使一部分血液快速回心
    - 动-静脉短路
      - 路径：血液→微动脉→动静脉吻合支→微静脉
      - 功能：参与体温调节

- 组织液的生成与回流
  - 动脉端生成，静脉端回流
  - 生成的动力
    - 有效滤过压=（毛细血管血压+组织液胶体渗透压）－（血浆胶体渗透压+组织液静水压）
  - 影响组织液生成与回流的因素
    - 有效滤过压
      - 毛细血管血压↑——组织液生成↑
      - 血浆胶体渗透压↓——组织液生成↑
    - 毛细血管壁通透性异常增高——血浆蛋白滤出——血浆胶体渗透压↓、组织液胶体渗透压↑——组织液生成↑
    - 淋巴回流受阻——液体积聚——组织水肿

- 心血管活动的调节
  - 器官循环
    - 冠脉循环
      - 生理特点
        - 途径短、血流量大
        - 摄氧率高、耗氧量大
        - 血流量受心肌收缩的影响
      - 冠脉血流量的调节
        - 心肌代谢水平（主）
          - 心肌代谢产物（如：腺苷）引起冠脉血管舒张，血流量增加
        - 神经调节——冠状动脉受迷走神经和交感神经支配
        - 激素调节——肾上腺素、去甲肾上腺素、甲状腺激素等
    - 肺循环
      - 血流量主要受肺泡气氧分压的影响
    - 脑循环
      - 血流量变化小，当平均动脉压在60~140 mmHg内变化时，脑血流量保持恒定（自身调节）

通气

- 外呼吸
  - 肺换气
    - 概念：肺泡与肺毛细血管之间的气体交换
    - 意义：将静脉血变成动脉血
    - 气体交换的动力：分压差
    - 影响肺换气的因素
      - 正变
        - 气体分压差
        - 气体溶解度
        - 气体的温度
        - 呼吸膜的面积
      - 反变
        - 气体分子量
        - 呼吸膜的厚度
      - 通气/血流比值
        - 每分钟肺泡通气量与每分肺血流量/心输出量的比值
          - 比值≈ 0.84——气体交换效率最高
          - 比值增大（通气过度或血流不足，部分气体未与血液进行气体交换）——气体交换效率降低
          - 比值减小（通气不足或血流相对过剩）——气体交换效率降低
  - 肺通气功能的评价
    - 肺容积
      - 肺活量
        - 潮气量
        - 补吸气量
        - 补呼气量
      - 余气量
    - 肺容量
      - 深吸气量=潮气量+补吸气量
      - 功能余气量=余气量+补呼气量
      - 肺活量：最大吸气后作最大呼气所能呼出的气量
      - 时间肺活量（用力呼气量）：最大吸气后以最快速度用力呼气时在一定时间内所呼出的气量，一般以它所占肺活量的百分数来表示
    - 肺通气量（每分通气量）：每分钟吸入或呼出的气量（=潮气量×呼吸频率）
    - 肺泡通气量：每分钟吸入肺泡内的新鲜空气量=（潮气量−无效腔气量）×呼吸频率

第五章 呼吸

- 内呼吸
  - 组织换气
    - 概念：组织细胞与血液之间的气体交换
    - 气体交换的动力：分压差
    - 意义：将动脉血变成静脉血
  - 细胞内的氧化代谢
- 气体在血液中的运输
  - O_2的运输形式
    - 物理溶解
    - 化学结合——氧合血红蛋白（主）
      - Hb氧含量
        - 100 ml血液中Hb实际结合的O_2量
        - 1 L血液中Hb实际结合的O_2量
      - Hb氧容量
        - 100 ml血液中Hb所能结合的最大O_2量
        - 1 L血液中Hb所能结合的最大O_2量
      - Hb氧饱和度：Hb氧含量占Hb氧容量的百分比
      - 氧解离曲线：血氧饱和度与氧分压的关系曲线
        - 曲线右移，利于给细胞供O_2
          - 波尔效应：H^+或PCO_2对Hb与O_2的亲和力的影响
            - CO_2↑
            - pH↓(H^+↑)
          - 温度↑
          - 2,3-DPG↑
        - 曲线左移，不利于O_2的利用
          - CO
            - 与Hb结合形成碳氧血红蛋白
            - CO与Hb的亲和力约为O_2的250倍
            - 既影响Hb与氧的结合，又影响Hb与氧的解离
  - CO_2的运输
    - 运输形式
      - 物理溶解
      - 化学结合
        - 碳酸氢盐（主）
        - 氨基甲酰血红蛋白
    - Hb是否与O_2结合是影响CO_2运输的主要因素
    - 何尔登效应：Hb与O_2结合可促进CO_2释放，而释放O_2之后的Hb则容易与CO_2结合的现象

- 消化腺的分泌功能：分泌消化液
  - 消化液的作用
    - 分解食物中的大分子营养物质
    - 提供消化道内适宜的pH环境
    - 分泌黏液、抗体和大量液体以保护消化道黏膜
    - 稀释食物及消化产物，为吸收创造有利条件

- 消化道的神经支配
  - 内在神经系统
  - 外来神经系统
    - 交感神经
      - 交感神经兴奋——消化道运动减弱、消化液分泌减少
    - 副交感神经
      - 副交感神经兴奋——消化道运动增强、消化液分泌增加

- 胃肠激素（胃肠肽）
  - 概念：消化道黏膜内分泌细胞合成和释放的具有生物活性的化学物质
  - 主要类型
    - 促胃液素（胃泌素）、胃动素——促进胃的运动
    - 促胰液素、缩胆囊素、抑胃肽——抑制胃的运动
  - 作用
    - 调节消化腺的分泌和消化道的运动
    - 营养作用
    - 调节其他激素的释放

专升本考试备考用书　一本好题

生理学

编写委员会
邓小艳
丁思敏
闫俊丽

前言

PREFACE >

随着各省份普通高校专升本考试制度的变化和日益完善，专业课已然成为众多省份专升本考试中的重头戏，而在其中扮演重要角色的医学大类无疑是许多考生升本路上的拦路虎。基于医学大类，好老师升学帮专升本考试命题研究中心通过对多省份的考纲进行研究，总结命题规律和特点，针对多专业所涉及的医学基础课——生理学进行了重点分析，并形成面向全国多省份的生理学习题集，以供广大考生应试所需。现针对本书的结构与特点进行如下说明。

一、结构清晰，题型丰富

本书习题分册分为上、下两篇，上篇为客观题，下篇为主观题。上篇依据章节进行分布，题型包括 A 型题（单项选择题）、B 型题（配伍选择题）、X 型题（多项选择题）和判断题；下篇依据题型进行分布，题型涉及填空题、名词解释题、问答题（含简答题）和分析论述题。

二、化繁为简，直击核心

本书思维导图分册针对每一章节的重要知识点进行了梳理，并形成框架，为考生打造系统性的知识体系的同时，助力其巩固学科基础知识，迅速抓取核心内容。通过将知识简单化、系统化，帮助考生找准备考方向，实现学中作乐、学有所获。

三、动态解析，学练结合

本书答案分册中，上篇（客观题部分）针对每道题提供了答案速查与视频解析，考生可通过扫描封底上所附二维码关注公众号或下载软件后进行观看，解析内容详细，可在为广大考生答疑解惑的同时，进一步丰富其知识面。下篇（主观题部分）则提供了详细的文字参考答案，以供考生自查。

生理学是一门内在逻辑性强的学科，而要攻克这样一门学科，除了在平时的学习过程中要扎实掌握基础知识之外，练习也是必不可少的。练习既是感受知识点的考查形式和出题特点的重要途径，也是一种非常有效的学习效果检测手段，在帮助考生找准备考方向的同时，夯实基础，查漏补缺。故此，衷心希望本书能解广大考生的燃眉之急，成为升本道路上的好帮手。另外，因生理学教材版本众多，各教材在某些内容的表述上存在一定差异，编者针对此种情况进行了统一，力求呈现出专业、全面且贴合考情的知识结构。

尽管在本书的编写过程中，编者们已尽到最大努力，但书中仍难免存在遗漏或不足，恳请广大师生不吝批评指正。

目录

CONTENTS >

上篇 客观题

下篇　主观题

上篇

客观题

第一章　绪论

第一部分　选择题

一、A 型题

本部分的每道题后面有四或五个选项，其中仅有一个为正确答案。

1. 下列生理过程，属于负反馈调节的是（　　）

A. 排尿反射　　B. 分娩

C. 血液凝固　　D. 减压反射

2. 维持内环境稳态的重要调节方式是（　　）

A. 体液调节　　B. 自身调节

C. 正反馈调节　　D. 负反馈调节

3. 下列各项生理功能活动中，属于自身调节的是（　　）

A. 动脉血压在一定范围内变动时，肾血流量仍可保持相对恒定

B. 在寒冷环境中，肢体可呈现屈曲蜷缩状

C. 人在过度通气后，往往可出现呼吸暂停

D. 当每日摄入水量增加时，排出的尿量也将随之增多

4. 维持组织细胞生存和功能活动正常进行的必要条件是（　　）

A. 稳定的血液 pH 值　　B. 细胞外液的理化性质相对稳定

C. 完善的神经调节活动　　D. 完善的体液调节活动

5. 所需要的刺激强度越小，即阈值降低，则表示（　　）

A. 兴奋性不变　　B. 兴奋性升高

C. 兴奋性降低　　D. 兴奋性消失

6. 关于内环境稳态的叙述，正确的是（ ）

A. 指细胞内液中各种理化特性发生小范围变动

B. 指细胞外液的各种理化特性保持相对恒定

C. 细胞内、外液中各种成分基本保持相同

D. 不依赖于体内各种细胞、器官的正常生理活动

E. 不受机体外部环境因素的影响

7. 人体生命活动最基本的特征是（ ）

A. 物质代谢　　B. 新陈代谢

C. 适应性　　D. 应激性

E. 自控调节

8. 机体不断分解自身物质，释放能量，以满足机体需要的过程，称为（ ）

A. 吸收　　B. 新陈代谢

C. 物质合成代谢　　D. 异化作用

E. 消化

9. 可兴奋细胞发生兴奋时，共有的特征是产生（ ）

A. 神经活动　　B. 肌肉收缩

C. 腺体分泌　　D. 反射活动

E. 动作电位

10. 机体功能调节中，最重要的调节方式是（ ）

A. 神经调节　　B. 体液调节

C. 自身调节　　D. 反馈调节

E. 前馈调节

11. 神经调节的基本方式是（ ）

A. 反射　　B. 反应

C. 适应　　D. 正反馈

E. 负反馈

12. 阻断反射弧中的任何一个环节，受损的调节是（　　）

A. 神经调节　　B. 激素远距调节

C. 自身调节　　D. 旁分泌调节

E. 自分泌调节

13. 皮肤黏膜的游离神经末梢属于（　　）

A. 感受器　　B. 传入神经

C. 中枢　　D. 传出神经

E. 效应器

14. 自身调节是指组织、细胞在不依赖于神经或体液调节的情况下对刺激所产生的（　　）

A. 适应性反应　　B. 旁分泌反应

C. 稳态反应　　D. 非自控调节

E. 前馈调节

15. 下列生理过程中，不属于正反馈调节的是（　　）

A. 血液凝固

B. 排便反射

C. 血浆晶体渗透压升高时 ADH 释放增加

D. 排尿反射

E. 分娩反射

16. 以下不属于机体内环境范畴的是（　　）

A. 血浆　　B. 细胞内液

C. 组织间液　　D. 淋巴液

E. 脑脊液

17. 关于反馈控制的叙述中，正确的是（　　）

A. 正反馈是维持稳态最重要的调节形式

B. 反馈信息增强控制信息作用者为负反馈

C. 反馈信息减弱控制信息作用者为正反馈

D. 控制部分与受控部分之间的联系多为双向的

E. 反馈信息经一次往返便可完成纠偏

18. 对体液调节特点的叙述，正确的是（　　）

A. 作用范围广泛，作用短暂　　B. 作用范围广泛，作用持久

C. 作用范围局限，作用持久　　D. 作用范围局限，作用短暂

E. 反应迅速、准确和短暂

19. 体液约占人体重的（　　）

A. 40%　　B. 50%

C. 60%　　D. 70%

E. 80%

20. 关于生理调节过程中的负反馈的叙述，错误的是（　　）

A. 反馈信息引起的效应与原初刺激引起的效应始终是相反的

B. 其意义在于维持稳态

C. 其调定点是固定不变的

D. 在机体功能的调节中是普遍存在的

E. 调节具有一定的滞后现象

21. 机体处于应激状态时，糖皮质激素分泌增多属于（　　）

A. 神经调节　　B. 体液调节

C. 神经 - 体液调节　　D. 自身调节

E. 激素调节

22. 下列哪种变化不能作为刺激引起组织发生反应（　　）

A. 光线的明暗　　B. 声音的强弱

C. 温度的高低　　D. 兴奋性的高低

E. 电流的大小

23. 下面哪项不是神经调节的特征（　　）

A. 速度快　　B. 持续时间较长

C. 必须有特定的反射弧　　D. 部位准

E. 一般都是通过反射完成

24. 反射弧的效应器的主要功能是（ ）

A. 接受刺激
B. 整合、分析信息
C. 产生反应
D. 传导信息
E. 接受刺激与产生反应

25. 能引起生物机体发生反应的各种环境变化统称为（ ）

A. 反射
B. 兴奋
C. 刺激
D. 反应
E. 应激

二、B型题

本部分的每组题目前均有五个选项，每组题共用这五个选项。每道题的正确答案只有一个，选项可重复选择。

【1~3】

A. 兴奋
B. 兴奋性
C. 稳态
D. 负反馈
E. 正反馈

1. 组织及细胞具有对刺激产生反应的能力称为（ ）
2. 受控部分发出信息使控制部分的活动朝相反方向变化的过程称为（ ）
3. 内环境的理化性质保持动态平衡称为（ ）

【4~6】

A. 感受器
B. 传入神经
C. 中枢
D. 传出神经
E. 效应器

4. 膝跳反射中，股四头肌中的肌梭属于（ ）

5. 支配心脏的交感神经在减压反射中属于（　　）

6. 脊髓中管理排尿反射的部分属于（　　）

三、X 型题

本部分每道题后有五个选项，其中至少有两个为正确答案。

1. 关于稳态的描述中，正确的有（　　）
   A. 细胞外液的理化性质相对恒定　　B. 细胞内液的理化性质相对恒定
   C. 可维持机体各种生理功能的稳定　　D. 主要依靠体内的正反馈控制
   E. 是维持机体正常生命活动的必要条件

2. 以下关于自身调节的论述，错误的是（　　）
   A. 调节的幅度小，不十分灵敏　　B. 产生的效应准确而稳定
   C. 调节范围常局限于一个器官和组织　　D. 对机体的机能调节并无意义
   E. 肾血流量的调节属于该调节形式

3. 下列关于反射的论述，错误的是（　　）
   A. 反射弧都是固定不变的　　B. 刺激传入神经产生反应不是反射
   C. 反射弧传出途径可通过体液环节　　D. 反射不一定需要反射弧的完整性
   E. 反射包括条件反射和非条件反射

4. 下列生理过程中属于正反馈的有（　　）
   A. 排尿反射　　B. 血液凝固
   C. 分娩　　D. 血中降钙素浓度的调节
   E. 月经周期中卵泡期 LH 高峰的出现

5. 反射弧的组成包括（　　）
   A. 效应器　　B. 神经中枢
   C. 传出神经　　D. 传入神经
   E. 感受器

6. 属于负反馈的生理过程有（　　）

A. 排尿反射　　B. 体温调节

C. 肺牵张反射　　D. 分娩过程

E. 压力感受性反射

第二部分 判断题

1. 非条件反射是指先天的、生来就具有的反射，它的反射弧是固定的、早已建立的，是人与动物所共有的反射活动。（　　）
2. 内环境稳态是指细胞外液的理化性质一成不变。（　　）
3. 用电刺激可兴奋组织时，一般所用的刺激越强，则引起组织兴奋所需的时间越短，因此当刺激强度无限增大，无论刺激时间多么短，这种刺激都是有效的。（　　）
4. 正反馈是不可逆和不断增强的过程。（　　）
5. 刺激的阈值越小，说明组织的兴奋性越低。（　　）
6. 负反馈是不可逆的、不断增强的过程，直到整个过程迅速完成为止。（　　）
7. 正反馈调节的生理意义在于维持机体的稳态。（　　）
8. 内环境就是指细胞内部的环境。（　　）
9. 自身调节需要神经中枢参与完成。（　　）
10. 对人体生理功能的全面研究，大致可分为器官系统、细胞分子和整体三个水平。（　　）

第二章　细胞的基本功能

第一部分　选择题

一、A型题

本部分的每道题后面有四或五个选项，其中仅有一个为正确答案。

1. 安静时细胞膜内 K^+ 向膜外移动是（　　）

A. 单纯扩散　　B. 经通道易化扩散

C. 出胞　　D. 经载体易化扩散

2. 白细胞吞噬细菌的物质跨膜转运方式属于（　　）

A. 主动转运　　B. 易化扩散

C. 被动转运　　D. 入胞

3. 以下不属于动作电位特点的是（　　）

A. 全或无　　B. 传导是不衰减的

C. 连续刺激不融合　　D. 幅度大小呈等级性

4. 实现骨骼肌兴奋 - 收缩耦联的重要结构是（　　）

A. 三联管　　B. 横管

C. 纵管　　D. 肌细胞膜

5. 关于前负荷及其对骨骼肌收缩影响的叙述，错误的是（　　）

A. 指肌肉收缩前已承受的负荷

B. 使肌肉在收缩前就处于某种被拉长的状态

C. 达到最适前负荷后再增加前负荷，肌肉收缩力不变

D. 最适前负荷时肌肉收缩产生最大肌张力

6. 单个阈下刺激不会使可兴奋细胞产生动作电位的原因是（　　）

A. 使细胞兴奋性降低　　B. 刺激时间短

C. 细胞能量消耗大　　D. 细胞膜去极化达不到阈电位水平

7. 骨骼肌收缩和舒张的基本单位是（　　）

A. 肌小节　　B. 肌原纤维

C. 肌纤维　　D. 粗纤维

8. 在肌细胞收缩过程中，是什么离子从终末池进入细胞质（　　）

A. Na^+　　B. K^+

C. Cl^-　　D. Ca^{2+}

9. 关于神经纤维的静息电位，下述哪项是错误的（　　）

A. 它是膜外为正，膜内为负的电位　　B. 其大小接近钾离子平衡电位

C. 其大小接近钠离子平衡电位　　D. 它是个稳定的电位

10. 锋电位由顶点向静息电位水平方向变化的过程叫作（　　）

A. 去极化　　B. 超极化

C. 复极化　　D. 反极化

11. 阈电位是指（　　）

A. 造成膜对 K^+ 通透性突然增大的临界膜电位

B. 造成膜对 Na^+ 通透性开始增大的临界膜电位

C. 造成膜对 K^+ 通透性开始增大的临界膜电位

D. 造成膜对 Na^+ 通透性突然增大的临界膜电位

12. 可兴奋细胞兴奋时，共有的特征是产生（　　）

A. 收缩反应　　B. 分泌反应

C. 神经活动　　D. 电位变化

13. N_2 受体分布于（　　）

A. 突触前膜　　B. 突触间隙

C. 突触后膜　　D. 骨骼肌终板膜

14. 使骨骼肌发生完全强直收缩的刺激条件是（　　）

A. 足够强度和持续时间的单刺激

B. 足够强度 − 时间变化率的单刺激

C. 间隔大于潜伏期的连续阈下刺激

D. 间隔小于收缩期的连续阈上刺激

E. 间隔大于收缩期的连续阈上刺激

15. 细胞膜内、外 Na^+ 和 K^+ 不均匀分布的原因是（　　）

A. 膜在安静时对 K^+ 通透性较大

B. 膜在兴奋时对 Na^+ 通透性较大

C. Na^+ 和 K^+ 跨膜易化扩散的结果

D. Na^+−Ca^{2+} 跨膜交换的结果

E. 膜上 Na^+ 泵的活动

16. 下列关于阈电位的描述，错误的是（　　）

A. 阈电位水平与细胞的兴奋性呈反变关系

B. 阈电位是细胞膜上快 Na^+ 通道大量开放产生动作电位的临界膜电位

C. 膜电位在其以下时 Na^+ 通道全部关闭

D. 反映膜电位去极化到不被 K^+ 外流所抵消时的 Na^+ 大量内流的临界值

E. 不同的组织细胞的阈电位值不同

17. 增加细胞外液的 K^+ 浓度后，静息电位将（　　）

A. 增大

B. 减小

C. 不变

D. 先增大后减小

E. 先减小后增大

18. 动作电位的超射值接近于（　　）

A. Na^+ 平衡电位

B. K^+ 平衡电位

C. Na^+ 平衡电位与 K^+ 平衡电位的代数和

D. Na^+ 平衡电位与 K^+ 平衡电位的绝对值之差

E. 锋电位减去后电位

19. 神经纤维上前后两个紧接的锋电位，其中后一锋电位最早见于前一锋电位兴奋性周期的（　　）

A. 绝对不应期
B. 相对不应期
C. 超常期
D. 低常期
E. 低常期之后

20. 在神经－骨骼肌接头处，消除乙酰胆碱的酶是（　　）

A. 胆碱乙酰转移酶
B. 胆碱酯酶
C. 腺苷酸环化酶
D. Na^{+}-K^{+}依赖式 ATP 酶
E. 单胺氧化酶

21. 以下属于被动转运的是（　　）

A. 易化扩散
B. 单纯扩散
C. 主动转运
D. 出胞和入胞
E. 单纯扩散和易化扩散

22. 与单纯扩散的特点比较，易化扩散不同的是（　　）

A. 顺浓度差转运
B. 不消耗生物能
C. 需要膜蛋白的帮助
D. 是水溶性物质跨膜转运的唯一方式
E. 是离子跨膜转运的唯一方式

23. 可兴奋细胞受到阈下刺激时，出现（　　）

A. 局部电位
B. 阈电位
C. 锋电位
D. 正后电位
E. 负后电位

24. 静息电位的数值向膜内负值加大的方向变化，称作膜的（　　）

A. 极化
B. 去极化
C. 复极化
D. 反极化
E. 超极化

25. 静息状态下，细胞膜对其通透性最大的离子是（ ）

A. K^+

B. Cl^-

C. Na^+

D. Ca^{2+}

E. Na^+ 和 Cl^-

26. 沿单根神经纤维传导的动作电位的幅度（ ）

A. 不变

B. 不断减小

C. 不断增大

D. 先增大后减小

E. 不规则变化

27. 神经纤维上形成动作电位下降相的离子流是（ ）

A. K^+ 外流

B. Cl^- 内流

C. Na^+ 内流

D. Ca^{2+} 内流

E. Na^+ 和 Cl^-

28. 人工减少细胞浸浴液中 Na^+ 的浓度，则单根神经纤维动作电位的超射值将（ ）

A. 增大

B. 减小

C. 不变

D. 先增大后减小

E. 先减小后增大

29. Na^+ 通道阻滞剂是（ ）

A. Mg^{2+}

B. 河豚毒素

C. 四乙胺

D. Ca^{2+}

E. 维拉帕米

30. 刺激阈值通常指的是（ ）

A. 用最小刺激强度，刚刚引起组织兴奋的最短作用时间

B. 保持一定的刺激强度不变，能引起组织兴奋的最适作用时间

C. 保持一定的刺激时间和强度 - 时间变化率不变，引起组织发生兴奋的最小刺激强度

D. 刺激时间不限，能引起组织兴奋的最适刺激强度

E. 刺激时间不限，能引起组织最大兴奋的最小刺激强度

31. 关于局部兴奋的叙述，错误的是（　　）

A. 局部电位随刺激强度增加而增大　B. 局部电位随扩布距离增大而减小

C. 局部去极化电位的区域兴奋性增高　D. 不存在时间与空间的总和

E. 它是动作电位形成的基础

32. 神经纤维锋电位时期相当于（　　）

A. 绝对不应期　B. 相对不应期

C. 超常期　D. 低常期

E. 正常期

33. 神经细胞在接受一次阈上刺激后，兴奋性周期变化的顺序是（　　）

A. 相对不应期、绝对不应期、超常期、低常期

B. 绝对不应期、相对不应期、低常期、超常期

C. 绝对不应期、低常期、相对不应期、超常期

D. 绝对不应期、相对不应期、超常期、低常期

E. 绝对不应期、超常期、低常期、相对不应期

34. 当神经冲动到达运动神经末梢时，可引起接头前膜的（　　）

A. Na^+ 通道关闭　B. Ca^{2+} 通道开放

C. K^+ 通道开放　D. Cl^- 通道开放

E. Cl^- 通道关闭

35. 神经－肌接头 信息传递的主要方式是（　　）

A. 化学性突触传递　B. 局部电流

C. 非典型化学性突触传递　D. 非突触性传递

E. 电传递

36. 骨骼肌细胞中横管的功能是（　　）

A. Ca^{2+} 的贮存库　B. Ca^{2+} 进出肌纤维的通道

C. 使兴奋传向肌细胞的深部　D. 使 Ca^{2+} 与肌钙蛋白结合

E. 使 Ca^{2+} 通道开放

37. 肌肉的初长度取决于（　　）

A. 被动张力　　B. 前负荷

C. 后负荷　　D. 前负荷和后负荷之和

E. 前负荷和后负荷之差

38. 组织兴奋性处于绝对不应期时，其刺激阈值为（　　）

A. 零　　B. 无限大

C. 大于正常　　D. 小于正常

E. 等于正常

39. 有关经载体易化扩散的叙述，下列哪项错误（　　）

A. 逆浓度差进行　　B. 具有特异性

C. 存在饱和现象　　D. 存在竞争性抑制

E. 不耗能

40. 神经细胞发生局部兴奋和动作电位的共同点是（　　）

A. 反应幅度随刺激强度增大而增大　　B. 反应幅度随传播距离增大而减小

C. 可以叠加或总和　　D. 都有不应期

E. 都有 Na^+ 通道的开放

41. 神经细胞动作电位去极化的幅度接近于（　　）

A. 钾平衡电位　　B. 钠平衡电位

C. 钾平衡电位与静息电位之差　　D. 钠平衡电位与静息电位之差

E. 钾平衡电位与钠平衡电位之和

42. 神经纤维动作电位去极化过程中，膜电位值超过 0 mV 的部分称为（　　）

A. 去极化　　B. 超极化

C. 复极化　　D. 超射

E. 极化

43. 葡萄糖通过细胞膜的转运方式是（　　）

A. 单纯扩散和易化扩散　B. 易化扩散和主动转运

C. 单纯扩散和主动转运　D. 出胞和入胞

E. 易化扩散和继发性主动转运

44. 在动作电位产生过程中，Na^+ 内流达到 Na^+ 的平衡电位时（　　）

A. 细胞膜两侧 Na^+ 的浓度差为零　B. Na^+ 跨膜扩散的净通量为零

C. 细胞膜两侧的电位差为零　D. Na^+ 通道继续保持激活状态

E. 细胞的兴奋性高于正常

45. 骨骼肌的兴奋－收缩耦联过程不包括下面哪一项（　　）

A. 神经末梢释放递质　B. 终末池释放 Ca^{2+}

C. Ca^{2+} 与细肌丝上的肌钙蛋白结合　D. 横桥牵拉细肌丝滑行

E. 兴奋沿横管传入细胞内部

46. 箭毒之所以被称为肌松剂，是因为它能（　　）

A. 抑制运动神经末梢释放递质　B. 破坏神经递质

C. 阻断递质与终板膜上的受体结合　D. 加强胆碱酯酶的活性

E. 减弱神经递质的活性

47. 兴奋通过神经－肌接头时，乙酰胆碱与受体结合使终板膜（　　）

A. 对 Na^+、K^+ 通透性增加，发生超极化

B. 对 Na^+、K^+ 通透性增加，发生去极化

C. 仅对 K^+ 通透性增加，发生超极化

D. 仅对 Ca^{2+} 通透性增加，发生去极化

E. 对乙酰胆碱通透性增加，发生超极化

48. 下面哪种电位变化不属于局部电位（　　）

A. 兴奋性突触后电位　B. 抑制性突触后电位

C. 感受器电位　D. 终板电位

E. 锋电位

49. 运动神经末梢释放乙酰胆碱属于（　　）

A. 单纯扩散　　B. 易化扩散

C. 主动转运　　D. 出胞

E. 渗透

50. 细胞发生兴奋传导时产生的电荷流动称为（　　）

A. 局部电流　　B. 局部反应

C. 局部刺激　　D. 局部兴奋

E. 局部电位

51. 连续刺激不能使动作电位波形叠加的原因是（　　）

A. 刺激强度不够　　B. 刺激频率不够

C. 存在不应期　　D. 细胞能量不足

E. 离子分布的恢复需要时间

52. 葡萄糖在小肠黏膜上皮处的吸收是通过继发性主动转运实现的，抑制哪种功能活动可以影响葡萄糖的吸收（　　）

A. 钠泵　　B. 钙泵

C. 质子泵　　D. 钠钙交换体

E. 钠氢交换体

53. 部分阻断神经细胞膜上的电压门控钾通道后，动作电位（　　）

A. 不再发生　　B. 幅度减小

C. 幅度增大　　D. 复极减慢，时程延长

E. 无影响

54. 用哇巴因抑制钠泵活动后，细胞的静息电位将会（　　）

A. 逐渐增大　　B. 逐渐减小

C. 基本不变　　D. 先增大后减小

E. 先减小后增大

55. 给予单根神经纤维较弱的有效刺激，当刺激强度增加 1 倍时，动作电位的幅度（　　）

A. 增加 1 倍
B. 减少到 1/2
C. 增加 2 倍
D. 增加 0.5 倍
E. 不变

二、B 型题

本部分的每组题目前均有五个选项，每组题共用这五个选项。每道题的正确答案只有一个，选项可重复选择。

【1~4】

A. 单纯扩散
B. 易化扩散
C. 入胞
D. 原发性主动转运
E. 继发性主动转运

1. O_2 和 CO_2 跨膜转运属于（　　）
2. Na^+ 由细胞内向细胞外转运属于（　　）
3. 肾小管对葡萄糖的重吸收属于（　　）
4. 甲状腺腺泡上皮细胞聚碘属于（　　）

【5~7】

A. 去极化
B. 复极化
C. 反极化
D. 超极化
E. 极化

5. 安静状态下，细胞膜两侧外正内负的状态，称为（　　）
6. 在静息电位基础上，膜内电位负值增大，称为（　　）
7. 在静息电位基础上，膜内电位负值减小，称为（　　）

【8~9】

A. Na^+　　B. K^+

C. Ca^{2+}　　D. Cl^-

E. H^+

8. 神经细胞静息电位的形成主要与以上哪种离子有关（　　）

9. 神经细胞动作电位超射值与以上哪种离子的平衡电位最为接近（　　）

【10~12】

A. 锋电位　　B. 阈电位

C. 静息电位　　D. 局部电位

E. 突触后电位

10. 可兴奋细胞受到强度小于阈值的刺激时会出现（　　）

11. 神经细胞动作电位的主要组成是（　　）

12. 刺激引起兴奋的基本条件是使跨膜电位达到（　　）

三、X型题

本部分每道题后有五个选项，其中至少有两个为正确答案。

1. 局部兴奋（　　）

A. 具有“全或无”特征　　B. 具有电紧张电位的特征

C. 可产生时间总和　　D. 可产生空间总和

E. 电位幅度小

2. 钠泵活动的生理意义是（　　）

A. 维持细胞内高钾　　B. 维持细胞内高钠

C. 建立膜内外离子势能储备　　D. 为细胞生物电活动奠定基础

E. 维持细胞内外水、电解质平衡

3. 动作电位“全或无”特点是指（ ）

A. 阈下刺激不引发动作电位　　B. 阈刺激刚能引起动作电位

C. 一旦产生其幅度即达最大　　D. 阈上刺激不能使动作电位幅度继续增大

E. 动作电位幅度随着刺激强度的增加而增大

4. 经载体易化扩散的特点是（ ）

A. 有结构特异性　　B. 有饱和现象

C. 逆电 - 化学梯度进行　　D. 存在竞争性抑制

E. 需消耗能量

5. 细肌丝的组成成分有（ ）

A. 肌动蛋白　　B. 原肌球蛋白

C. 肌球蛋白　　D. 肌钙蛋白

E. 纤维蛋白

6. 与 Na^+ 有关的生理过程有（ ）

A. 肌肉收缩　　B. 葡萄糖的重吸收

C. 动作电位　　D. 递质释放

E. 静息电位

7. 关于单个神经细胞 AP 的叙述，正确的是（ ）

A. Na^+ 通道处于备用状态是 AP 产生的前提

B. 膜去极化达到阈电位水平是 AP 产生的必要条件

C. AP 的上升支和下降支分别是由 Na^+ 内流和 K^+ 外流形成的

D. AP 的幅度、频率增高到一定程度时，AP 可以发生总和

E. 当刺激频率增高到一定程度时，AP 可以发生总和

8. 单根神经纤维或肌肉细胞的动作电位的特征是（ ）

A. 具有“全或无”现象　　B. 呈不衰减传导

C. 互不融合　　D. 无不应期

E. 可以总和

9. 钠泵激活的条件有（　　）

A. 细胞外 K^+ 浓度升高　　B. 细胞内 K^+ 浓度升高

C. 细胞内 Na^+ 浓度升高　　D. 细胞外 Na^+ 浓度升高

E. 细胞外 K^+ 浓度降低

10. 关于神经 - 肌接头信息传递的叙述，正确的是（　　）

A. 接头前膜释放的递质是乙酰胆碱

B. 接头后膜上存在 N 型胆碱受体

C. 产生的终板电位具有局部反应的特征

D. 终板电位可刺激周围的肌膜形成动作电位

E. 当神经冲动到达运动神经末梢时，可引起接头前膜的 Ca^{2+} 通道关闭

第二部分　判断题

1. 单纯扩散和易化扩散都是顺浓度差移动，都不消耗能量，属于被动转运。（　　）
2. 阈下刺激可引起可兴奋细胞产生局部反应，局部反应具有“全或无”的特性。（　　）
3. 肌肉不完全强直收缩的特点是，每次新收缩的收缩期都出现在前一次收缩的舒张过程中。（　　）
4. 骨骼肌收缩后张力不变而长度明显缩短，称为等张收缩。（　　）
5. 动作电位是可兴奋组织兴奋的标志。（　　）
6. 肌肉收缩时，长度可以不缩短，而仅发生肌张力的变化。（　　）
7. 加大细胞外 Na^+ 浓度时，动作电位的幅度将加大。（　　）
8. 局部反应就是细胞膜上出现的较局限的动作电位。（　　）
9. 随着细胞膜两侧被转运物质的浓度差增加，单纯扩散的转运速度加快。（　　）
10. 人体内 O_2、CO_2 进出细胞膜属于主动转运。（　　）
11. 静息状态下，K^+ 由膜内向膜外转运的方式是易化扩散。（　　）

12. 局部兴奋的大小与刺激的强度有关。（　　）

13. 可兴奋组织或细胞接受刺激即可产生动作电位。（　　）

14. 阈下刺激不能引起锋电位，但在刺激达到阈值后，锋电位就始终保持固有的大小和波形。（　　）

15. 动作电位在同一细胞传导的机制是膜的已兴奋部分与未兴奋部分形成的局部电流连续刺激未兴奋部分引起整个膜依次产生动作电位。（　　）

第三章　血液

第一部分　选择题

一、A 型题

本部分的每道题后面有四或五个选项，其中仅有一个为正确答案。

1. 成人促红细胞生成素合成的主要部位是（　　）

A. 骨髓　　B. 肾脏

C. 肝脏　　D. 脾脏

2. 能使血沉加快的情况是（　　）

A. 血浆球蛋白增加　　B. 血浆白蛋白增加

C. 血浆纤维蛋白原减少　　D. 血浆卵磷脂增加

3. 下列关于血型的叙述，哪项是正确的（　　）

A. ABO 血型系统中存在天然抗体

B. ABO 血型系统中不存在免疫性抗体

C. Rh 血型系统中不存在免疫性抗体

D. Rh 血型系统中 d 凝集原的抗原性最强

4. 血型通常是指（　　）

A. 红细胞膜上特异性抗原的类型　　B. 红细胞膜上特异性抗体的类型

C. 血浆中抗原的类型　　D. 血浆中抗体的类型

5. 血管损伤后止血栓能正确定位于损伤部位有赖于血小板的哪项特性（　　）

A. 黏附　　B. 聚集

C. 收缩　　D. 释放

6. 已知受血者血型为 A 型，在交叉配血试验中主侧不凝集，次侧凝集，供血者血型可能是（　　）

A. A 型　　B. B 型

C. AB 型　　D. O 型

7. 下列哪一种情况不可以输血（　　）

A. 交叉配血的主侧不凝集，而次侧凝集

B. 供血者的血型为 O 型，受血者的血型为 B 型

C. 供血者的血型为 A 型，受血者的血型为 AB 型

D. 供血者的血型为 AB 型，受血者的血型为 O 型

8. 新鲜血浆中不存在的凝血因子是（　　）

A. 因子Ⅲ　　B. 因子Ⅳ

C. 因子Ⅴ　　D. 因子Ⅻ

9. 0.9%NaCl 溶液与血浆相同的是（　　）

A. 胶体渗透压　　B. K^+ 浓度

C. Na^+ 浓度　　D. 渗透压

10. 以下哪种因素不是引起巨幼红细胞贫血的原因（　）

A. 缺乏维生素 B_{12}　　B. 缺乏维生素 D

C. 患萎缩性胃炎　　D. 胃切除

11. 血液凝固的主要步骤是（　　）

A. 凝血酶原形成→凝血酶形成→纤维蛋白原形成

B. 凝血酶原形成→凝血酶形成→纤维蛋白形成

C. 凝血酶原激活物形成→凝血酶形成→纤维蛋白形成

D. 凝血酶原激活物形成→凝血酶原形成→纤维蛋白原形成

12. 红细胞悬浮稳定性差会导致（　）

A. 溶血　　B. 红细胞凝聚

C. 血液凝固　　D. 血沉加快

13. 可加强抗凝血酶Ⅲ活性的物质是（　　）

A. 柠檬酸钠　　B. 草酸钠

C. 维生素 K　　D. 肝素

14. 血小板的主要功能是（　）

A. 释放儿茶酚胺等缩血管物质　　B. 可收缩血块

C. 可吸附凝血因子　　D. 参与生理止血过程及维持血管内皮完整

15. 下列有关血液理化特性的叙述，正确的是（　　）

A. 血浆和组织液的胶体渗透压相等

B. 血细胞比容越小，全血的黏度越大

C. 全血的比重主要取决于血浆蛋白的含量

D. 血浆中最主要的缓冲对是 $NaHCO_3/H_2CO_3$

16. 内源性凝血和外源性凝血，共同激活的因子是（　）

A. Ⅸ　　B. Ⅹ

C. Ⅺ　　D. Ⅻ

17. 构成血浆渗透压的主要成分是（　　）

A. 氯化钠　　B. 氯化钾

C. 碳酸氢钠　　D. 钙离子

18. 肾功能衰竭引起贫血的主要原因是（　）

A. 缺乏铁质　　B. 维生素 B_{12} 缺乏

C. 缺乏叶酸　　D. 促红细胞生成素减少

19. 肝硬化患者容易发生凝血障碍，主要是由于（　　）

A. 血小板减少　　B. 肝素水平过高

C. 某些凝血因子不足　　D. 维生素 B_{12} 缺乏

20. 一失血患者被输入 A 型血、B 型血各 100 ml 均未发生凝集反应，该患者的血型应该是（　　）

A. B 型　　B. A 型

C. AB 型　　D. O 型

21. 在血管外，红细胞被破坏的主要场所是（　　）

A. 肝　　B. 脾

C. 胸腺和骨髓　　D. 肺

22. 将血沉增快患者的红细胞置于正常人血浆中，其红细胞沉降的速度将（　　）

A. 增快　　B. 减慢

C. 正常　　D. 先增快后减慢

E. 先减慢后增快

23. 全血的比重主要取决于（　　）

A. 血浆蛋白含量　　B. 渗透压的高低

C. 红细胞数量　　D. 白细胞数量

E. NaCl 的浓度

24. 影响红细胞内、外水分正常分布的因素主要是（　　）

A. 血浆胶体渗透压　　B. 血浆晶体渗透压

C. 组织液胶体渗透压　　D. 组织液静水压

E. 毛细血管血压

25. 血沉可反映红细胞的（　　）

A. 可塑变形性　　B. 悬浮稳定性

C. 渗透脆性　　D. 运输氧的特性

E. 数量

26. 血沉的大小取决于红细胞的（　　）

A. 体积　　B. 表面积

C. 数量　　D. 比重

E. 叠连

27. 小细胞低色素性贫血的原因是（　　）

A. 缺乏 Fe^{2+}　　B. 缺乏叶酸

C. 内因子缺乏　　D. 骨髓造血功能衰竭

E. 严重肾疾病

28. 再生障碍性贫血是由于（ ）

A. 缺乏 Fe^{2+}　　B. 缺乏叶酸

C. 内因子缺乏　　D. 骨髓造血功能衰竭

E. 严重肾疾病

29. 调节红细胞生成的主要体液因素是（ ）

A. 雄激素　　B. 雌激素

C. 甲状腺激素　　D. 促红细胞生成素

E. 生长激素

30. 凝血因子Ⅱ、Ⅶ、Ⅸ、Ⅹ在肝脏合成依赖于（ ）

A. 维生素 A　　B. 维生素 C

C. 维生素 D　　D. 维生素 K

E. 维生素 E

31. 内源性凝血的启动凝血因子是（ ）

A. 因子Ⅰ　　B. 因子Ⅲ

C. 因子Ⅶ　　D. 因子Ⅻ

E. 因子Ⅷ

32. 凝血酶的主要作用是（ ）

A. 加速因子Ⅶ复合物的形成

B. 加速凝血酶原复合物的形成

C. 使纤维蛋白原转变为纤维蛋白

D. 激活因子Ⅻ

E. 促进血小板聚集

33. A 型血红细胞膜上含有的凝集原是（ ）

A. A 凝集原　　B. B 凝集原

C. D 抗原　　D. A 凝集原和 B 凝集原

E. 无 A 凝集原和 B 凝集原

34. Rh 血型系统中抗原性最强的抗原是（ ）

A. C 抗原 B. c 抗原

C. D 抗原 D. d 抗原

E. E 抗原

35. Rh 阴性母亲，其胎儿若为 Rh 阳性，胎儿出生后易患（ ）

A. 血友病 B. 白血病

C. 红细胞增多症 D. 新生儿溶血病

E. 巨幼红细胞贫血

36. 关于血浆渗透压的叙述，下列哪一项是错误的（ ）

A. 血浆的晶体渗透压与组织液的晶体渗透压基本相等

B. 血浆的胶体渗透压高于组织液的胶体渗透压

C. 血浆晶体渗透压对维持血细胞内外水的平衡极为重要

D. 血浆胶体渗透压对于维持血管内外水的平衡很重要

E. 血浆蛋白的分子量大于晶体物质，故血浆胶体渗透压大于晶体渗透压

37. 成年男性血红蛋白的正常值是（ ）

A. 12 ~ 16 mg/100ml B. 120 ~ 160 g/100 ml

C. 120 ~ 160 g/L D. 120 ~ 160 mg/L

E. 12 ~ 16 g/L

38. 血浆胶体渗透压的形成主要取决于血浆中的（ ）

A. NaCl B. 白蛋白

C. 球蛋白 D. 纤维蛋白原

E. 葡萄糖

39. 血液的组成是（ ）

A. 血清 + 红细胞 B. 血浆 + 红细胞

C. 血浆 + 血细胞 D. 血清 + 血细胞

E. 血清 + 血浆

40. 血清与血浆的主要区别在于血清中缺乏（　　）

A. 纤维蛋白　　B. 纤维蛋白原

C. 凝血因子　　D. 血小板

E. Ca^{2+}

41. 红细胞渗透脆性指的是（　　）

A. 红细胞对高渗盐溶液的抵抗力　　B. 红细胞在低渗盐溶液中膨胀破裂的特性

C. 红细胞在生理盐溶液中破裂的特性　　D. 红细胞耐受机械撞击的能力

E. 红细胞相互撞击破裂的特性

42. 下列哪项措施没有延缓血液凝固的作用（　　）

A. 加肝素　　B. 适当降温

C. 提供光滑面　　D. 去除血浆中的 Ca^{2+}

E. 注射维生素 K

43. 50kg 的成年男性，其血液总量和血浆量分别约为（　　）

A. 2 500 ml 和 1 000 ml　　B. 5 000 ml 和 2 500 ml

C. 3 500 ml 和 2 000 ml　　D. 4 500 ml 和 2 000 ml

E. 6 000 ml 和 3 500 ml

44. 血型为 AB 型的人（　　）

A. 其血浆中含有抗 A 和抗 B 凝集素

B. 其红细胞上不含 A 凝集原和 B 凝集原

C. 只能接受 AB 型血的输入

D. 可接受其他任何血型的血，但只能少量、缓慢地输入

E. 其血液可少量、缓慢地输给其他任何血型的人

45. 成熟红细胞在下列哪种溶液中易发生溶血（　　）

A. 1% NaCl　　B. 5%葡萄糖

C. 1.9%尿素　　D. 10%葡萄糖盐水

E. 0.9% NaCl

46. 有关红细胞功能的下列说明，错误的是（　）

A. 运输 O_2 与 CO_2　　B. 可调节机体的酸碱平衡

C. 其功能通过血红蛋白实现　　D. 溶血后的血红蛋白功能不变

E. O_2 与血红蛋白结合成 HbO_2 而运输

47. 在患某些寄生虫病或过敏反应时增多的白细胞主要是（　）

A. 中性粒细胞　　B. 嗜酸性粒细胞

C. 嗜碱性粒细胞　　D. 单核细胞

E. T 淋巴细胞

48. 血液凝固的本质变化是（　）

A. 血小板聚集　　B. 红细胞叠连

C. 血细胞凝聚　　D. 纤维蛋白形成

E. 红细胞凝集

49. 血液凝固所分离出的淡黄色液体称（　）

A. 血浆　　B. 体液

C. 血清　　D. 细胞外液

E. 细胞内液

50. 内源性凝血和外源性凝血的根本区别是（　）

A. 前者发生在体内，后者发生在体外

B. 前者发生在血管内，后者发生在血管外

C. 前者只需体内因子，后者只需体外因子

D. 前者由因子Ⅻ启动，后者由因子Ⅲ启动

E. 前者速度慢，后者速度快

51. 下列哪种凝血因子不属于蛋白质（　）

A. 因子Ⅰ　　B. 因子Ⅱ

C. 因子Ⅲ　　D. 因子Ⅳ

E. 因子Ⅹ

52. 在一般情况下 ABO 血型之间相互输血，主要考虑供血者的（　　）

A. 血清不被受血者的红细胞所凝集　　B. 红细胞不被受血者的血清所凝集

C. 血清不被受血者的血清所凝集　　D. 红细胞不被受血者的红细胞所凝集

E. 血清不被受血者的血浆所凝集

53. 枸橼酸钠抗凝的机制是（　　）

A. 破坏血浆中的纤维蛋白原　　B. 破坏血液中的凝血酶原

C. 增强抗凝血酶的活性　　D. 阻碍凝血的三个过程

E. 与血浆中的 Ca^{2+} 结合形成络合物沉淀

54. 下列哪种物质不是红细胞合成时必需的（　　）

A. 维生素 B_{12}　　B. 蛋白质

C. 叶酸　　D. 铁

E. Ca^{2+}

55. 外科手术中，医生用温热盐水纱布按压创口，从而减少了创口的渗透血，其机制是（　　）

A. 抑制纤溶酶　　B. 减少游离 Ca^{2+}

C. 使血管反射性收缩　　D. 激活凝血因子，加速血液凝固

E. 增加血小板聚集

二、B 型题

本部分的每组题目前均有五个选项，每组题共用这五个选项。每道题的正确答案只有一个，选项可重复选择。

【1~2】

A. 6% ~ 8%　　B. 20% ~ 30%

C. 40% ~ 50%　　D. 60%

E. 70% ~ 80%

1. 体液占成人体重的（ ）

2. 血液占成人体重的（ ）

【3~4】

A. 葡萄糖　　B. Na^+

C. K^+　　D. 血红蛋白

E. 血浆蛋白

3. 构成血浆胶体渗透压的主要成分是（ ）

4. 构成血浆晶体渗透压的主要成分是（ ）

【5~7】

A. 铁和蛋白质　　B. 内因子

C. 维生素 K　　D. 维生素 B_{12} 和叶酸

E. 促红细胞生成素

5. 合成血红蛋白的主要原料是（ ）

6. 幼红细胞发育成熟的辅酶是（ ）

7. 促进红系祖细胞分化增殖的是（ ）

【8~10】

A. 血清　　B. 血红蛋白

C. 血小板　　D. 白细胞

E. 血浆

8. 血液加入抗凝剂后经离心得到的液体称为（ ）

9. 血液自然凝固后血凝块回缩析出的液体称为（ ）

10. 参与血液凝固的血细胞是（ ）

三、X 型题

本部分每道题后有五个选项，其中至少有两个为正确答案。

1. 血浆蛋白的主要生理功能是（ ）

A. 多种代谢物的运输载体　　B. 维持血浆胶体渗透压

C. 参与机体免疫功能　　D. 参与生理性止血

E. 运输 O_2 和 CO_2

2. 生理情况下在血管内血液无血栓存在的原因是（ ）

A. 血流稀释激活的凝血因子　　B. 血管内皮有抗凝作用

C. 纤维蛋白溶解系统的作用　　D. 有抗凝物质的存在

E. 血管内膜受损

3. 下列关于血浆渗透压的叙述，正确的是（ ）

A. 与 0.9% 的 NaCl 溶液渗透压相等

B. 与 5% 的葡萄糖溶液渗透压相等

C. 晶体渗透压占大部分

D. 胶体渗透压的大小主要取决于球蛋白的数目

E. 总渗透压约为 300 mmol/L

4. 血液中的白细胞包括（ ）

A. 中性粒细胞　　B. 单核细胞

C. 红细胞　　D. 淋巴细胞

E. 嗜酸性粒细胞

5. 细菌感染时，哪种细胞的数量增多（ ）

A. 白细胞总数　　B. 淋巴细胞

C. 中性粒细胞　　D. 嗜酸性粒细胞

E. 嗜碱性粒细胞

6. O 型血液中含有（　　）

A. A 凝集原
B. B 凝集原
C. 抗 A 凝集素
D. 抗 B 凝集素
E. 抗 D 凝集素

7. 下列关于血型和输血的叙述，正确的是（　　）

A. 已知某人血清中含抗 B 凝集素，可判断此人必然是 A 型血
B. 不论同型输血还是异型输血，在输血前均应做交叉配血试验
C. Rh 阳性血型者，其血清中含有抗 Rh 凝集素
D. O 型血红细胞无 A、B 凝集原，在任何情况下均可输血给他人
E. 成分输血能提高疗效，减少不良反应

8. 下列哪些物质缺乏会引起机体贫血（　　）

A. 维生素 B_{12}
B. 叶酸
C. 雌激素
D. 促红细胞生成素
E. Fe^{2+}

9. 红细胞运载 O_2 的能力取决于（　　）

A. 红细胞的大小
B. 血红蛋白含量
C. 血红蛋白中的 Fe^{2+}
D. 红细胞的耗氧量
E. 红细胞脆性

10. 血液对机体的重要性在于（　　）

A. 运输是血液的基本功能
B. 缓冲体内的 pH 值
C. 参与体液调节
D. 有重要的防御和保护功能
E. 对维持内环境的相对恒定有重要意义

11. 红细胞计数和血红蛋白含量（　　）

A. 婴儿期高于儿童期
B. 妊娠妇女高于未孕妇女
C. 儿童期低于青春期
D. 高原居住者低于居住海平面者
E. 成年男性高于成年女性

12. 引起血沉加快的原因是（　　）

A. 血浆球蛋白增多　　B. 血浆白蛋白增多

C. 血浆磷脂增多　　D. 血浆纤维蛋白原增多

E. 血浆纤维蛋白增多

第二部分　判断题

1. 临床输血原则是只要血型相同就可以快速大量地输血。（　　）
2. 急性细菌性炎症的患者血液中中性粒细胞数增多。（　　）
3. 血液凝固的三个阶段都需要 Ca^{2+} 的参与。（　　）
4. 只有 B 型血的血清中含有抗 A 凝集素。（　　）
5. 血清与血浆的主要区别在于前者缺乏纤维蛋白原。（　　）
6. 红细胞也具有缓冲酸碱的作用。（　　）
7. 外源性凝血是由因子 Ⅲ 启动的，这种因子存在于组织中。（　　）
8. 巨幼红细胞贫血的产生主要由机体缺铁所引起。（　　）
9. 红细胞只运输 O_2，不运输 CO_2。（　　）
10. 血小板释放的 5- 羟色胺及儿茶酚胺等生物活性物质有利于止血。（　　）
11. 慢性失血或造血功能增强而供铁不足等原因，都可使血红蛋白合成不足，引起小细胞低色素性贫血，又称为缺铁性贫血。（　　）
12. 血细胞比容指血细胞在血中所占的重量百分比。（　　）

第四章　血液循环

第一部分　选择题

一、A 型题

本部分的每道题后面有四或五个选项，其中仅有一个为正确答案。

1. 当颈动脉窦压力感受器的传入冲动增多，可引起（　　）

A. 心迷走神经兴奋　　B. 心率增快

C. 心输出量增加　　D. 心交感神经兴奋

2. 外周阻力主要由什么因素决定（　　）

A. 红细胞的数目　　B. 血液黏稠度

C. 微动脉的口径　　D. 血管长度

3. 左心室的每搏功大于右心室的主要原因是（　　）

A. 射血速度　　B. 主动脉压高于肺动脉压

C. 每搏输出量　　D. 心室舒张末期容积

4. 窦房结能成为心脏正常起搏点的原因是（　　）

A. 最大复极电位低

B. 4 期自动除极速度快

C. 阈电位与最大复极电位差距小

D. 0 期除极速度慢

5. 在以下何时给予心室一个额外刺激不引起反应（　　）

A. 心室收缩期　　B. 心房收缩期

C. 心室舒张期　　D. 整个心室收缩和心室舒张期

6. 对心肌的兴奋性和自律性均有影响的因素是（　　）

A. 0 期去极化速度　　B. 0 期去极化幅度

C. 阈电位水平　　D. 平台期长短

7. 关于心搏出量，下述哪一项是错误的（　　）

A. 动脉血压升高，则等容收缩期延长，射血期缩短，搏出量减少

B. 心舒末期容积增加，则心缩末期容积也增加，搏出量减少

C. 回心血量增加，使心舒末期容积增加，搏出量增多

D. 心舒期时间过短，使心舒末期容积减少，搏出量减少

8. 实验中夹闭家兔两侧颈总动脉可引起（　　）

A. 心率加快，外周阻力增大，血压升高　　B. 心率加快，外周阻力降低，血压降低

C. 心率加快，外周阻力降低，血压升高　　D. 心率减慢，外周阻力降低，血压降低

9. 在心室等容收缩期（　　）

A. 房内压 < 室内压 > 主动脉压　　B. 房内压 < 室内压 < 主动脉压

C. 房内压 > 室内压 < 主动脉压　　D. 房内压 > 室内压 > 主动脉压

10. 下列情况能使组织液生成减少的是（　　）

A. 大量血浆蛋白丢失　　B. 淋巴回流受阻

C. 右心衰竭，静脉回流受阻　　D. 血浆胶体渗透压升高

11. 心肌细胞分为快反应细胞和慢反应细胞的主要依据是（　　）

A. 静息电位和最大复极电位　　B. 动作电位时程长短和慢钙通道激活电位

C. 0 期去极化速度和幅度　　D. 动作电位复极化速度

12. 能促进组织液生成的因素有（　　）

A. 微动脉扩张　　B. 血浆胶体渗透压升高

C. 组织液胶体渗透压降低　　D. 毛细血管血压下降

13. 微循环具有营养功能的通路是（　　）

A. 直捷通路　　B. 动 – 静脉短路

C. 迂回通路　　D. 淋巴通路

14. 心动周期中，历时最长的是（ ）

A. 心房收缩期　　B. 等容收缩期

C. 充盈期　　D. 等容舒张期

15. 心电图中的 P 波代表（ ）

A. 左右心房兴奋收缩活动　　B. 左右心室兴奋收缩活动

C. 左右心室复极化过程的电变化　　D. 左右心房兴奋过程的电变化

16. 正常心电图中，反映兴奋从心房传到心室所需的时间是（ ）

A. PR 间期　　B. QT 间期

C. PR 段　　D. ST 段

17. 自律性细胞产生自动节律性的电生理基础是（ ）

A. 静息电位增大　　B. 舒张期自动去极化

C. 阈电位增大　　D. 阈电位降低

18. 心交感神经作用于心肌的哪一种受体（ ）

A. α 受体　　B. β 受体

C. M 受体　　D. N 受体

19. 窦房结细胞的阈电位相当于（ ）

A. Na^+ 平衡电位　　B. K^+ 平衡电位

C. 慢钙通道激活电位　　D. 快钠通道激活电位

20. 关于组织液的生成，下述哪项是错误的（ ）

A. 外周阻力增加，组织液生成增多　　B. 血浆胶体渗透压降低，组织液生成增多

C. 静脉压升高，组织液生成增多　　D. 毛细血管壁通透性增大，组织液生成增多

21. 心房肌、心室肌细胞是（ ）

A. 快反应自律细胞　　B. 慢反应自律细胞

C. 快反应非自律细胞　　D. 慢反应非自律细胞

22. 平均动脉压约等于（ ）

A. 舒张压 +1/3 脉压　　B. 收缩压 + 1/2 脉压

C. 舒张压 +1/2 脉压　　D. 收缩压 +1/3 脉压

23. 心室充盈期（　　）

A. 房内压＞室内压＜动脉压　　B. 房内压＜室内压＜动脉压

C. 房内压＞室内压＞动脉压　　D. 房内压＜室内压＞动脉压

24. 中心静脉压的正常变动范围是（　　）

A. 4 ～ 12 cmH_2O　　B. 0 ～ 20 cmH_2O

C. 4 ～ 12 mmHg　　D. 0 ～ 20 mmHg

E. 0 ～ 20 cmHg

25. 在下列各微循环结构中，主要受局部代谢产物调节的是（　　）

A. 微动脉　　B. 毛细血管前括约肌

C. 通血毛细血管　　D. 真毛细血管

E. 微静脉

26. 心室容积在（　　）达最大值

A. 心房收缩期末　　B. 等容收缩期末

C. 射血期　　D. 等容舒张期末

E. 心室充盈期末

27. 组织液生成的有效滤过压等于（　　）

A.（毛细血管血压＋血浆胶体渗透压）－（组织液静水压＋组织液胶体渗透压）

B.（毛细血管血压＋组织液胶体渗透压）－（组织液静水压＋血浆胶体渗透压）

C.（毛细血管血压＋组织液静水压）－（血浆胶体渗透压＋组织液胶体渗透压）

D.（血浆胶体渗透压＋组织液胶体渗透压）－（毛细血管血压＋组织液静水压）

E.（组织液静水压＋血浆胶体渗透压）－（毛细血管血压＋组织液胶体渗透压）

28. 心交感神经兴奋后，可引起（　　）

A. 心率减慢，心内传导加快，心肌收缩力减弱

B. 心率加快，心内传导加快，心肌收缩力减弱

C. 心率减慢，心内传导减慢，心肌收缩力增强

D. 心率加快，心内传导加快，心肌收缩力增强

E. 心率减慢，心内传导减慢，心肌收缩力减弱

29. 关于心动周期的论述，以下哪项是错误的（ ）

A. 舒张期比收缩期长
B. 房、室有共同收缩的时期
C. 房、室有共同的舒张期
D. 心率加快时，心动周期缩短
E. 心率对舒张期的影响更明显

30. 在每一个心动周期中，左心室压力升高速度最快的是（ ）

A. 心房收缩期
B. 等容收缩期
C. 快速射血期
D. 减慢射血期
E. 等容舒张期

31. 心动周期中，心室血液充盈主要是由于（ ）

A. 血液依赖地心引力而回流
B. 骨骼肌的挤压作用加速静脉回流
C. 心房收缩的挤压作用
D. 心室舒张的抽吸作用
E. 胸内负压促进静脉回流

32. 健康成年男性静息状态下每搏输出量约为（ ）

A. 30 ml
B. 50 ml
C. 70 ml
D. 90 ml
E. 110 ml

33. 健康成年人静息状态下，心输出量为（ ）

A. 2 ~ 3 L/min
B. 4 ~ 6 L/min
C. 6 ~ 8 L/min
D. 9 ~ 10 L/min
E. 11 ~ 12 L/min

34. 心指数等于（ ）

A. 每搏输出量 × 体表面积
B. 每搏输出量 / 体表面积
C. 心输出量 × 体表面积
D. 心率 × 每搏输出量 × 体表面积
E. 心率 × 每搏输出量 / 体表面积

35. 心室肌细胞动作电位 2 期的形成与下列哪种因素有关（　　）

A. Na^+ 内流与 Ca^{2+} 内流　　B. Na^+ 内流与 K^+ 外流

C. Ca^{2+} 内流与 K^+ 外流　　D. Ca^{2+} 内流与 Cl^- 内流

E. K^+ 外流与 Cl^- 内流

36. 心室肌细胞动作电位 1 期复极是下列哪种离子流动的结果（　　）

A. K^+ 外流　　B. K^+ 内流

C. Na^+ 内流　　D. Ca^{2+} 内流

E. Cl^- 内流

37. 浦肯野细胞和心室肌细胞动作电位的区别主要是（　　）

A. 4 期自动去极化的有无　　B. 3 期复极化速度不同

C. 平台期持续时间相差较大　　D. 1 期形成机制不同

E. 0 期去极化速度不同

38. 心室肌有效不应期的长短主要取决于（　　）

A. 动作电位 0 期去极化的速度

B. 动作电位复极化末期的长短

C. 阈电位水平的高低

D. 钠 - 钾泵功能

E. 动作电位 2 期的长短

39. 心室肌的有效不应期较长，一直持续到（　　）

A. 收缩期开始　　B. 收缩期中间

C. 舒张期早期　　D. 舒张中后期

E. 舒张期结束

40. 衡量心肌自律性高低的主要指标是（　　）

A. 动作电位的幅值　　B. 最大复极电位水平

C. 4 期膜电位自动去极化速率　　D. 阈电位水平

E. 0 期去极化速度

41. 对心室肌细胞有效不应期特征的叙述，错误的是（　）

A. 可产生局部兴奋　　B. 阈上刺激能产生动作电位

C. Na^+ 通道失活　　D. 此期相当于心室全收缩期 + 舒张早期

E. 此期时间较长

42. 心室肌出现相对不应期的原因是（　　）

A. 膜电位绝对值仍低于静息电位，Na^+ 通道的开放能力尚未恢复正常

B. Ca^{2+} 通道已逐渐复活

C. 0 期去极化速度高于正常值

D. 0 期去极化幅度高于正常值

E. 兴奋传导速度高于正常值

43. 心肌细胞超常期内兴奋性高于正常值，所以（　　）

A. 兴奋传导速度高于正常值

B. 动作电位幅度大于正常值

C. 动作电位 0 期去极化速度快于正常值

D. 刺激阈值低于正常值

E. 自动节律性高于正常值

44. 室性期前收缩之后出现代偿性间歇的原因是（　　）

A. 窦房结的节律性兴奋延迟发放

B. 窦房结的节律性兴奋少发放一次

C. 窦房结的节律性兴奋传出速度大大减慢

D. 室性期前收缩的有效不应期特别长

E. 窦房结一次节律兴奋落在室性期前收缩的有效不应期内

45. 房室延搁的生理意义是（　　）

A. 使心室肌不产生完全强直收缩　　B. 增强心肌收缩力

C. 使心室肌有效不应期延长　　D. 使心房、心室不同时收缩

E. 使心室肌动作电位幅度增加

46. 弹性储器血管指的是（　　）

A. 小动脉　　B. 微动脉

C. 肺动脉和主动脉　　D. 微静脉

E. 静脉

47. 容量血管是指（　　）

A. 动脉　　B. 静脉

C. 毛细血管　　D. 肺血管

E. 皮肤血管

48. 血液在血管内流动时，血流阻力（　　）

A. 与血管的半径成正比

B. 与血管半径的立方成反比

C. 与血管半径的平方成正比

D. 与血管半径的四次方成反比

E. 与血管半径的平方成反比

49. 血流阻力主要来自（　　）

A. 毛细血管　　B. 微静脉

C. 微动脉和小动脉　　D. 中动脉

E. 大动脉

50. 心脏收缩力增强时，静脉回心血量增加，这是因为（　　）

A. 动脉血压升高　　B. 血流速度加快

C. 心输出量增加　　D. 舒张期室内压低

E. 静脉压增高

51. 心室肌的前负荷是指心室的（　　）

A. 收缩末期容积　　B. 舒张末期压力

C. 等容收缩期压力　　D. 等容舒张期压力

E. 射血时阻力

52. 主动脉在维持舒张压中起重要作用，主要是由于主动脉（　　）

A. 口径大　　B. 管壁厚

C. 管壁有可扩张性和弹性　　D. 血流速度快

E. 对血流的摩擦阻力小

53. 当血流通过下列哪一部位时，血压的降落幅度最大（　　）

A. 主动脉和大动脉　　B. 小动脉和微动脉

C. 毛细血管　　D. 微静脉和小静脉

E. 大静脉和腔静脉

54. 老年人主动脉弹性减退时，动脉血压的变化是（　　）

A. 收缩压降低，舒张压升高　　B. 收缩压升高，舒张压升高

C. 收缩压升高，舒张压降低　　D. 收缩压变化不大，舒张压升高

E. 收缩压降低，舒张压变化不大

55. 老年人主动脉弹性减退，并伴有小动脉硬化时，动脉血压的变化是（　　）

A. 收缩压降低，舒张压升高　　B. 收缩压升高，舒张压降低

C. 收缩压升高，舒张压升高　　D. 收缩压变化不大，舒张压升高

E. 收缩压升高，舒张压变化不大

56. 右心衰竭时所引起的组织水肿，其主要原因是（　　）

A. 毛细血管血压升高　　B. 淋巴回流受阻

C. 血浆胶体渗透压降低　　D. 组织液静水压降低

E. 组织液胶体渗透压升高

57. 主动脉瓣关闭始于（　　）

A. 快速射血期开始时　　B. 快速充盈期开始时

C. 等容收缩期开始时　　D. 等容舒张期开始时

E. 减慢充盈期开始时

58. 当心脏处于全心舒张期时（ ）

A. 心室达到最大的充盈量
B. 房室瓣关闭
C. 心室容积不变
D. 动脉瓣关闭
E. 心室压略高于心房压

59. 在一般情况下收缩压的高低主要反映（ ）

A. 心率
B. 外周阻力
C. 循环血量
D. 心脏每搏输出量
E. 主动脉管壁弹性

60. 一般情况下影响舒张压的主要因素是（ ）

A. 每搏输出量
B. 心率
C. 大动脉管壁弹性
D. 外周阻力
E. 循环血量

61. 中心静脉压的高低取决于下列哪两项的关系（ ）

A. 血管容量和血量
B. 动脉血压和静脉血压
C. 心脏射血能力和静脉回心血量
D. 心脏射血能力和外周阻力
E. 外周静脉压和静脉血流阻力

62. 微循环中参与体温调节的是（ ）

A. 迂回通路
B. 毛细血管前括约肌
C. 动 - 静脉短路
D. 直捷通路
E. 微动脉

63. 交感缩血管神经节后纤维释放的递质是（ ）

A. 肾上腺素
B. 去甲肾上腺素
C. 乙酰胆碱
D. 血管紧张素
E. 组胺

64. 降压反射中，当压力感受器的传入冲动增多时可引起（　　）

A. 心迷走神经紧张性减弱　　B. 心交感神经紧张性加强

C. 心率加快　　D. 交感缩血管神经紧张性减弱

E. 动脉血压升高

65. 第二心音产生于（　　）

A. 心房收缩期　　B. 心室等容收缩期

C. 快速射血期　　D. 心室舒张期

E. 减慢射血期

66. 第一心音发生在（　　）

A. 心房收缩期　　B. 心室收缩期

C. 等容舒张期　　D. 快速充盈期

E. 减慢充盈期

67. 心室肌细胞动作电位与骨骼肌细胞动作电位的主要区别是（　　）

A. 形成去极相的离子流不同　　B. 静息电位水平不同

C. 形成复极相的离子流不同　　D. 超射值不同

E. 阈电位不同

68. 心内兴奋传导最易发生阻滞的部位是（　　）

A. 心房肌　　B. 房室交界

C. 左右束支　　D. 浦肯野纤维

E. 心室肌

69. 下列哪一时期的心室内压最高（　　）

A. 等容收缩期末　　B. 快速射血期末

C. 减慢射血期末　　D. 快速充盈期末

E. 减慢充盈期末

70. 房室瓣开放始于下列哪个时期（　　）

A. 等容舒张期末　　B. 快速充盈期末

C. 减慢充盈期末　　D. 心房收缩期初

E. 心房收缩期末

71. 左心室射血的后负荷是指（　）

A. 心室内压　　B. 主动脉血压

C. 主动脉脉压　　D. 总外周阻力

E. 中心静脉压

72. 根据血流动力学原理，影响血流阻力最主要的因素是（　）

A. 血管半径　　B. 血流形式

C. 血液黏滞度　　D. 红细胞比容

E. 血管长度

73. 用于分析比较动脉血压值不相同的个体之间心功能的常用指标是（　）

A. 每分输出量　　B. 心指数

C. 射血分数　　D. 心脏做功量

E. 心力贮备

74. 心室肌细胞具有兴奋性的前提是 Na^+ 通道处于下列哪种状态（　）

A. 启动　　B. 备用

C. 激活　　D. 失活

E. 开放

75. 心室肌细胞不具有下列哪一生理特性（　）

A. 兴奋性　　B. 自律性

C. 传导性　　D. 收缩性

E. 有效不应期长

76. 浦肯野细胞不具有下列哪一生理特性（　）

A. 兴奋性　　B. 自律性

C. 传导性　　D. 收缩性

E. 有效不应期长

77. 钙通道拮抗剂维拉帕米对浦肯野细胞动作电位的影响是（　　）

A. 0 期去极化幅度降低　　B. 0 期去极化速度减慢

C. 1 期复极化时程缩短　　D. 2 期复极化时程缩短

E. 3 期复极化时程缩短

78. 循环系统平均充盈压可反映（　）

A. 血流量与血流阻力之间的关系

B. 血管容积与循环血量之间的关系

C. 回心血量与心肌收缩力之间的关系

D. 体循环血流量与肺循环血流量之间的关系

E. 动脉血压与静脉血压之间的关系

79. 下列有关促使静脉回心血量增加的因素，哪一项是错误的（　）

A. 体力活动加强　　B. 心肌收缩力增强

C. 体位从卧位变成立位　　D. 循环系统平均充盈压升高

E. 站立时深吸气

80. 某些过敏性疾病可引起机体局部水肿，主要是由于该部（　　）

A. 毛细血管壁的通透性增加　　B. 淋巴回流量减少

C. 血浆胶体渗透压升高　　D. 毛细血管血压升高

E. 组织液胶体渗透压降低

81. 患者的动脉血压降低，中心静脉压增高表示（　）

A. 左心功能不全　　B. 全心功能不全

C. 右心功能不全　　D. 重度静脉回流障碍

E. 轻度静脉回流障碍

82. 下列关于心迷走神经作用的叙述，哪一项是错误的（　　）

A. 末梢释放乙酰胆碱　　B. 增强心肌细胞膜对 Ca^{2+} 的通透性

C. 使心房肌收缩力减弱　　D. 使心率减慢

E. 使房室传导速度减慢

83. 心肌代谢加强引起冠状动脉舒张的主要因素是（　　）

A. 乳酸　　B. 前列腺素

C. 腺苷　　D. 氢离子

E. 组胺

84. 当心率加快时，动脉血压的变化是（　　）

A. 收缩压升高，舒张压不变，脉压增大

B. 收缩压不变，舒张压升高，脉压减小

C. 收缩压升高，舒张压升高，脉压不变

D. 收缩压升高，舒张压升高，脉压增大

E. 收缩压升高，舒张压升高，脉压减小

85. 下列哪项可引起心率减慢（　　）

A. 交感神经活动增强　　B. 迷走神经活动增强

C. 肾上腺素　　D. 甲状腺激素

E. 发热

86. 高血压患者与正常人相比，下列哪项指标明显增高（　　）

A. 每搏输出量　　B. 射血分数

C. 心输出量　　D. 心指数

E. 心脏做功量

87. 肺循环和体循环有相同的（　　）

A. 收缩压　　B. 脉压

C. 每搏输出量　　D. 外周阻力

E. 舒张压

88. 平时维持交感缩血管纤维紧张性活动的基本中枢位于（　　）

A. 大脑　　B. 下丘脑

C. 中脑和脑桥　　D. 延髓

E. 脊髓

89. 窦房结细胞动作电位 0 期去极化的主要离子流是（　　）

A. Na^+ 内流
B. Ca^{2+} 内流
C. Ca^{2+} 外流
D. Na^+ 外流
E. K^+ 外流

90. 下列关于肾素的叙述，哪一项是正确的（　　）

A. 肾素由致密斑分泌
B. 肾素分泌是由平均动脉压升高引起的
C. 它使血管紧张素原转变为血管紧张素 I
D. 它使血管紧张素 I 转变为血管紧张素 II
E. 肾素由间质细胞分泌

91. 房室瓣关闭主要是由于（　　）

A. 心房收缩
B. 心室收缩
C. 乳头肌收缩
D. 室内压高于房内压
E. 房室瓣舒张

92. 下列哪项使心室舒张末期充盈量减少（　　）

A. 心率一定程度减慢时
B. 外周静脉压与心房压之差加大
C. 心室肌舒张减弱
D. 心房收缩能力增大
E. 心房压与心室压之差加大

93. 心脏每搏输出量的异长自身调节是心肌通过改变下述哪一项实现的（　　）

A. 心肌的初长度
B. 心肌的后负荷
C. 心肌自身的收缩力
D. 心率的快慢
E. 心动周期的长短

94. 左心室壁比右心室壁肥厚是因为（　　）

A. 射血速度快
B. 每搏输出量大
C. 左心室容积比右心室大
D. 心指数比右心室大
E. 主动脉压高于肺动脉压

95. 第二心音形成的原因是（　　）

A. 房室瓣关闭　　B. 房室瓣开放，血入心室

C. 半月瓣关闭　　D. 半月瓣开放，血入动脉

E. 以上都是

96. 影响正常人舒张压的主要因素是（　　）

A. 心输出量　　B. 循环血量

C. 小动脉口径　　D. 大动脉弹性

E. 血液黏滞性

97. 血流速度最慢的部位在（　　）

A. 小动脉　　B. 大动脉

C. 毛细血管　　D. 微静脉

E. 上、下腔静脉

98. 充血性心力衰竭患者的射血分数为 30%，舒张末期容积为 180ml。舒张末期容积是在心动周期的哪个阶段测量的（　　）

A. 心房收缩之末　　B. 心室充盈之前

C. 等容舒张之后　　D. 心房收缩之前

E. 心室射血结束时

99. 某患者由平卧位突然站立，静脉回心血量减少，每搏输出量、动脉血压降低。该患者每搏输出量减少是由于下列哪项所致（　　）

A. 心室后负荷增大　　B. 心迷走神经兴奋

C. 心交感神经兴奋　　D. 异长自身调节

E. 等长调节

100. 某久病卧床患者突然起床时，感觉头晕、眼前发黑，其主要的生理机制为（　　）

A. 回心血量减少　　B. 心迷走神经兴奋

C. 肌肉泵做功减少　　D. 组织液胶体渗透压升高

E. 淋巴回流受阻

二、B型题

本部分的每组题目前均有五个选项，每组题共用这五个选项。每道题的正确答案只有一个，选项可重复选择。

【1~4】

A. 兴奋性　　B. 自律性

C. 传导性　　D. 期前收缩

E. 代偿间歇

1. 心肌在没有外来刺激的条件下自动发生节律性兴奋的特性称为（　　）
2. 心肌细胞具有受刺激后产生动作电位的能力称为（　　）
3. 在一次期前收缩后往往出现较长的心室舒张期称为（　　）
4. 异常刺激引起一次比正常节律早的心室收缩称为（　　）

【5~7】

A. 弹性贮器血管　　B. 容量血管

C. 交换血管　　D. 毛细血管前阻力血管

E. 毛细血管后阻力血管

5. 从功能上说，微静脉属于（　　）
6. 从功能上说，大动脉属于（　　）
7. 从功能上说，真毛细血管属于（　　）

【8~12】

A. 收缩压　　B. 舒张压

C. 脉压　　D. 平均动脉压

E. 循环系统平均充盈压

8. 心室收缩射血时动脉血压升高的最高值称为（　　）

9. 心动周期中大动脉血压的最低值称为（ ）

10. 收缩压和舒张压之差称为（ ）

11. 血液停止循环后血液对血管壁的侧压称为（ ）

12. 舒张压加 1/3 脉压称为（ ）

【13~14】

A. 乙酰胆碱　　B. 肾上腺素

C. 去甲肾上腺素　　D. 儿茶酚胺

E. 5- 羟色胺

13. 支配心脏的交感神经末梢释放的递质是（ ）

14. 心迷走神经末梢释放的递质是（ ）

【15~17】

A. 等容收缩期末　　B. 快速射血期末

C. 减慢射血期末　　D. 等容舒张期

E. 心房收缩期末

15. 在心动周期中，心室内压下降速度最快的时相是（ ）

16. 在心动周期中，主动脉压最高见于（ ）

17. 在心动周期中，主动脉压最低见于（ ）

三、X 型题

本部分每道题后有五个选项，其中至少有两个为正确答案。

1. 和骨骼肌相比，心室肌细胞动作电位的特征是（ ）

A. 动作电位时程长　　B. 存在明显的平台期

C. 参与活动的离子种类多　　D. 有效不应期长

E. 4 期自动去极化

2. 心室肌细胞的生理特征是（　　）

A. 有传导性，有收缩性　　B. 有收缩性，有自律性

C. 有自律性，有兴奋性　　D. 有兴奋性，有传导性

E. 有兴奋性，无自律性

3. 心脏泵血功能的指标是（　　）

A. 每搏功　　B. 心指数

C. 射血分数　　D. 后负荷

E. 前负荷

4. 在心肌收缩能力和前负荷不变的条件下，增加心肌的后负荷，可使（　　）

A. 每搏输出量减少　　B. 等容收缩期延长

C. 射血速度减慢　　D. 心室充盈期延长

E. 等容舒张期延长

5. 等容收缩期的特点是（　　）

A. 心室容积不发生改变　　B. 心室内压上升速度最快

C. 房室瓣和动脉瓣都关闭　　D. 心室内压低于主动脉压

E. 心室内压低于心房内压

6. 每一心动周期中，心室收缩期包括（　　）

A. 等容收缩期　　B. 快速射血期

C. 减慢射血期　　D. 心房收缩期

E. 等容舒张期

7. 影响心输出量的因素有（　　）

A. 后负荷　　B. 心肌收缩力

C. 前负荷　　D. 心率

E. 心舒末期容积

8. 大动脉弹性贮器作用是（　　）

A. 使血液连续流动　　B. 维持一定的舒张压

C. 缓冲动脉血压的波动　　D. 维持正常血压

E. 容纳循环血量的大部分

9. 影响动脉血压的因素有（　　）

A. 心输出量　　B. 大动脉弹性

C. 外周阻力　　D. 体循环平均充盈压

E. 心率

10. 血流阻力（　　）

A. 与血流量成反比　　B. 与血液的黏度成正比

C. 与血管半径的平方成反比　　D. 与血管长度成正比

E. 主要产生于主动脉、肺动脉等大动脉上

11. 关于颈动脉窦和主动脉弓压力感受性反射的叙述，正确的是（　　）

A. 压力感受器的适宜刺激是牵张刺激

B. 动脉血压升高时，窦神经传入冲动增加

C. 主动脉弓压力感受器受到牵张后，迷走神经传入冲动增加

D. 它的意义在于维持动脉血压的相对稳定

E. 是一个负反馈调节

12. 动脉血压升高后可能出现的反射活动是（　　）

A. 减压反射活动增强　　B. 心交感神经传出冲动减少

C. 心迷走神经传出冲动减少　　D. ADH 分泌增多

E. 颈动脉体化学感受器活动增强

13. 关于肾素－血管紧张素－醛固酮系统激活时，动脉血压升高的原因，下列哪些表述是正确的（　　）

A. 心率减慢　　B. 水钠潴留，血容量增加

C. 直接刺激交感神经中枢　　D. 肾上腺髓质分泌激素

E. 血管收缩，外周阻力增加

14. 房室瓣处于开放状态的时期是（　　）

A. 快速充盈期　B. 减慢充盈期

C. 心房收缩期　D. 快速射血期

E. 等容收缩期

15. 血管紧张素Ⅱ的作用是（　　）

A. 促进醛固酮的释放　B. 刺激肾上腺髓质激素的分泌

C. 使全身微动脉收缩　D. 加强缩血管中枢的活动

E. 促进近球细胞释放肾素

16. 与 Ca^{2+} 有关的生理过程有（　　）

A. 静息电位　B. 心室肌细胞的动作电位

C. 神经递质的释放　D. 血液凝固

E. 肌丝滑行

17. 影响静脉回心血量的因素有（　　）

A. 循环系统的平均充盈压　B. 骨骼肌的挤压作用

C. 心肌收缩力　D. 重力作用

E. 外周阻力

18. 决定和影响心肌细胞自律性的因素有（　　）

A. 动作电位 0 期去极化速度和幅度　B. 4 期自动去极化速度

C. 最大复极化电位水平　D. 阈电位水平

E. 2 期平台期时间长短

19. 刺激心迷走神经可导致（　　）

A. 心率减慢　B. 心房肌收缩力减弱

C. 房室传导速度减慢　D. 心房肌不应期延长

E. 心房肌不应期缩短

20. 慢反应细胞动作电位的特点是（　　）

A. 0 期去极化速度慢　B. 0 期去极化由 Na^{+} 快速内流引起

C. 无明显的复极化 1、2 期　　D. 无明显的超射

E. 0 期去极化幅度小

21. 在决定和影响心肌兴奋性的因素中（　）

A. 阈电位下移，而静息电位不变，则兴奋性降低

B. 阈电位不变而静息电位超极化，则兴奋性升高

C. 静息电位和阈电位的差距愈大，则兴奋性愈高

D. 静息电位和阈电位的差距变小，则引起兴奋所需要的刺激阈值将减小

E. Na^+ 通道是否处于备用状态决定了心肌是否具有兴奋性

22. 心室肌动作电位平台期的长短决定了（　）

A. 有效不应期的长短　　B. 相对不应期的长短

C. 动作电位时程的长短　　D. 超常期的长短

E. 心肌不会发生完全强直收缩

23. 在心室肌细胞一次兴奋的过程中，其兴奋性的变化可分为（　）

A. 相对不应期　　B. 超常期

C. 低常期　　D. 绝对不应期

E. 有效不应期

24. 正常心脏内有自律性的组织包括（　）

A. 心房肌和心室肌　　B. 窦房结

C. 左、右束支　　D. 房室束

E. 浦肯野细胞

第二部分　判断题

1. 支配心脏的心迷走神经和心交感神经，在平时无紧张性活动。（　）

2. 心房和心室不能同时收缩，但能同时处于舒张状态。（　）

3. 心室血液充盈，主要依靠心房收缩将血挤入心室。（　　）

4. 当心肌细胞动作电位 3 期 K^+ 外流加快时，动作电位时程将缩短。（　　）

5. 心室肌细胞兴奋时，Ca^{2+} 除由终池释放入肌浆外，尚需来自细胞外液。（　　）

6. 每分钟由两侧心室共同射出的血量称每分输出量。（　　）

7. 中心静脉压升高的原因有二：一是回心血量增多；二是心肌收缩力减弱，使输出量减少。（　　）

8. 左心室肌肉肥厚，收缩力强，所以每搏输出量比右心室多。（　　）

9. 当外周阻力增加时，动脉血压升高，脉压减小。（　　）

10. 决定组织液生成与回流的力量中，血浆胶体渗透压是促进回流的主要动力，若该渗透压降低，皮下组织可能会出现水肿。（　　）

11. 第一心音标志着心室收缩的开始。（　　）

12. 在心肌的有效不应期内，无论给予多强的刺激，也不能引起膜的任何程度的去极化。（　　）

13. 心率减慢时，心动周期缩短。（　　）

14. 从半月瓣关闭到房室瓣开放这段时期内，室内压上升十分迅速。（　　）

15. 搏出量是指左右两侧心室一次射出血量之和。（　　）

16. 心室舒张末期的心室容积相当于心室肌的前负荷。（　　）

17. 0 期自动除极，是自律细胞产生自律性兴奋的基础。（　　）

18. 浦肯野细胞是一种快反应自律细胞。（　　）

19. 心肌细胞中，传导速度最慢的是房室交界。（　　）

20. 阻力血管主要是指毛细血管。（　　）

第五章　呼吸

第一部分　选择题

一、A 型题

本部分的每道题后面有四或五个选项，其中仅有一个为正确答案。

1. 关于肺表面活性物质的性质，下述哪项不正确（　　）
   A. 能降低肺的顺应性　　B. 能降低肺的表面张力
   C. 由肺泡Ⅱ型上皮细胞分泌　　D. 主要成分为二棕榈酰卵磷脂

2. 维持呼吸节律的中枢位于（　　）
   A. 脊髓　　B. 延髓和脑桥
   C. 中脑　　D. 大脑皮层

3. 肺过度扩张时，会出现（　　）
   A. 抑制呼气中枢　　B. 抑制吸气中枢
   C. 抑制延髓呼吸中枢　　D. 抑制脑桥呼吸调整中枢

4. 关于胸膜腔内压的叙述，不正确的是（　　）
   A. 胸膜腔内压 = − 肺回缩压
   B. 通常较大气压低
   C. 吸气时负值减小，呼气时负值增大
   D. 胸膜腔内压有利于静脉血液回流

5. 下列哪项不是氧解离曲线的影响因素（　　）
   A. 血液温度　　B. 血液 CO_2 分压
   C. 血液 pH 值　　D. 通气 / 血流比值

6. 在肺换气过程中，使肺泡气中氧气进入肺泡血液的动力是（　　）

A. 氧气的分压差　　B. 氧气的溶解度

C. 氧气的分子量　　D. 机体温度

7. 最大吸气末的肺容量是（　　）

A. 余气量　　B. 功能余气量

C. 肺总容量　　D. 潮气量 + 功能余气量

8. PCO_2 从低到高的顺序一般为（　　）

A. 呼出气 < 组织细胞 < 静脉血 < 肺泡气

B. 呼出气 < 肺泡气 < 静脉血 < 组织细胞

C. 呼出气 < 肺泡气 < 组织细胞 < 静脉血

D. 静脉血 < 呼出气 < 肺泡气 < 组织细胞

9. 呼吸阻力中非弹性阻力的主要构成是（　　）

A. 肺回缩力　　B. 肺泡表面张力

C. 组织黏滞阻力　　D. 气道阻力

10. 决定胸内压大小的主要因素是（　　）

A. 气体分压差　　B. 肺内压与大气压的压力差

C. 跨肺压　　D. 肺的弹性回缩力

11. 某人正常平静呼吸时潮气量为 500 ml，解剖无效腔为 150 ml，呼吸频率为 12 次 / 分。现患肺炎，呼吸变浅快，若潮气量减半，呼吸频率加倍，其肺泡通气量应是（　　）

A.1.2 L/min　　B. 3.6 L/min

C. 2.4 L/min　　D. 2.0 L/min

12. 肺通气的原动力是（　　）

A. 肺内压与大气压之差　　B. 呼吸肌的收缩和舒张

C. 肺内压与胸内压之差　　D. 肺的扩张和回缩

13. 肺的静态顺应性愈大，表示（　　）

A. 肺弹性阻力不变，肺扩张程度小　B. 肺的弹性阻力大，肺扩张程度大

C. 肺的弹性阻力大，肺扩张程度小　D. 肺的弹性阻力小，肺扩张程度大

14. 下列关于发绀的叙述，错误的是（　　）

A. 见于血液中去氧血红蛋白含量≥ 50 g/L 时

B. 出现发绀通常表示缺 O_2

C. 缺 O_2 一定出现发绀

D. 严重贫血时，机体缺 O_2 但不出现发绀

15. 下列关于平静呼吸的描述，错误的是（　　）

A. 吸气时膈肌和肋间外肌收缩　B. 呼气时胸骨和肋骨回位

C. 呼气时呼气肌收缩　D. 呼气时膈肌和肋间外肌舒张

16. 肺弹性阻力减小见于（　　）

A. 肺气肿　B. 肺组织纤维化

C. 肺水肿　D. 肺表面活性物质减少

17. 呼吸频率从 12 次 / 分增加到 24 次 / 分，潮气量从 500 ml 减少到 250 ml，则（　　）

A. 肺通气量增加　B. 肺泡通气量增加

C. 肺泡通气量减少　D. 肺通气量减少

18. CO 中毒和贫血时，可携带氧的血红蛋白减少，但并不引起呼吸加强，这是因为（　　）

A. 颈动脉体血流量减少　B. 动脉血液内总的氧含量仍维持在正常水平

C. 静脉血氧分压低于正常　D. 动脉血氧分压在正常水平

19. 氧解离曲线右移时（　　）

A. 血红蛋白与氧亲和力降低，氧的释放增加

B. 血红蛋白与氧亲和力降低，氧的释放减少

C. 血红蛋白与氧亲和力增高，氧的释放增加

D. 血红蛋白与氧亲和力增高，氧的释放减少

20. 人工呼吸的原理是人为造成（ ）

A. 肺内压与胸内压的压力差 B. 肺内压与大气压的压力差

C. 腹内压与大气压的压力差 D. 胸内压与大气压的压力差

21. 缺氧兴奋呼吸的途径是通过刺激（ ）

A. 外周化学感受器 B. 中枢化学感受器

C. 延髓呼吸中枢 D. 脑桥呼吸中枢

22. 最大吸气后，以最快速度呼出的气量占肺活量的百分比是指（ ）

A. 肺总容量 B. 功能残气量

C. 肺活量 D. 时间肺活量

23. 用力呼吸时的呼气动作，需要参与收缩的肌肉是（ ）

A. 膈肌和肋间外肌 B. 胸锁乳突肌和斜方肌

C. 肋间内肌和腹肌 D. 前锯肌和背阔肌

24. 慢性肺心病患者经常有 CO_2 潴留，若吸入纯 O_2 可致呼吸暂停，因为这种患者呼吸中枢兴奋性的维持主要靠（ ）

A. 高 CO_2 刺激中枢化学感受器 B. 高 CO_2 刺激外周化学感受器

C. 缺 O_2 刺激外周化学感受器 D. 缺 O_2 刺激中枢化学感受器

25. 外呼吸是指（ ）

A. 大气和肺泡之间的气体交换

B. 血液运输气体的过程

C. 肺泡和肺毛血管血液之间的气体交换

D. 组织细胞和组织毛细血管血液之间的气体交换

E. 外界空气与血液之间在肺部实现的气体交换过程

26. 推动气体进出肺的直接动力是（ ）

A. 肺内压与大气压之差 B. 肺内压与胸膜腔内压之差

C. 胸膜腔内压与大气压之差 D. 弹性回缩压与肺内压之差

E. 胸廓弹性回位压与胸膜腔内压之差

27. 维持胸膜腔内负压的必要条件是（　　）

A. 胸膜脏层和壁层紧贴　　B. 胸膜腔密闭

C. 胸膜腔内有少量液体　　D. 吸气肌收缩

E. 肺内压低于大气压

28. 胸膜腔的压力是由下列哪项因素形成的（　　）

A. 大气压 - 非弹性阻力　　B. 大气压 - 肺回缩力

C. 大气压 - 弹性阻力　　D. 大气压 - 肺表面力

E. 大气压 - 肺弹性纤维回缩力

29. 血液中 CO_2 的主要运输形式是（　　）

A. 物理溶解　　B. 氨基甲酰血红蛋白

C. 碳酸氢盐　　D. 氧合血红蛋白

E. 去氧血红蛋白

30. 影响气道阻力最重要的因素是（　　）

A. 气流速度　　B. 气流形式

C. 呼吸时相　　D. 呼吸道口径

E. 呼吸道长度

31. 大小肺泡稳定性的维持，有赖于肺表面活性物质在（　　）

A. 大肺泡内密度低，小肺泡内密度高

B. 大肺泡内密度高，小肺泡内密度低

C. 大小肺泡内的密度均高

D. 大小肺泡内的密度均低

E. 大小肺泡内的密度在呼吸周期中稳定不变

32. 最大呼气末存留于肺中的气体量是（　　）

A. 余气量　　B. 功能余气量

C. 肺泡气量　　D. 闭合气量

E. 补吸气量

33. 每分钟肺泡通气量等于（　　）

A. 潮气量 × 呼吸频率

B. 肺通气量的 1/2

C.（潮气量 − 无效腔气量）× 呼吸频率

D.（肺通气量 − 无效腔气量）× 呼吸频率

E.（潮气量 − 余气量）× 呼吸频率

34. 关于呼吸运动的叙述，下列哪一项是错误的（　　）

A. 呼吸运动是指呼吸肌收缩、舒张所造成的胸廓扩大和缩小

B. 呼吸运动是肺通气的原动力

C. 平静呼吸时，吸气和呼气都是主动的

D. 呼吸过程中肺随胸廓的运动而运动

E. 呼吸过程中肺内压和大气压间的压力差是气体进出肺的直接动力

35. 肺活量等于（　　）

A. 潮气量 + 补呼气量　　B. 潮气量 + 补吸气量

C. 潮气量 + 补吸气量 + 补呼气量　　D. 潮气量 + 余气量

E. 肺容量 − 补吸气量

36. 平静呼吸时下列哪一时刻肺内压低于大气压（　　）

A. 吸气初　　B. 吸气末

C. 呼气初　　D. 呼气末

E. 呼吸暂停而呼吸道通畅时

37. 肺通气是指（　　）

A. 肺与血液的气体交换　　B. 外界环境与气道间的气体交换

C. 肺与外界环境间的气体交换　　D. 外界 O_2 入肺的过程

E. 体内 CO_2 出肺的过程

38. 衡量肺的可扩张性大小的指标是（ ）

A. 弹性阻力
B. 气流阻力
C. 肺扩散容量
D. 肺顺应性
E. 肺回缩力

39. 肺表面活性物质是由肺内哪种细胞合成分泌的（ ）

A. 肺泡Ⅰ型上皮细胞
B. 肺泡Ⅱ型上皮细胞
C. 气道上皮细胞
D. 肺成纤维细胞
E. 肺泡巨噬细胞

40. 肺表面活性物质的主要作用是（ ）

A. 保护肺泡上皮细胞
B. 增加肺弹性阻力
C. 降低气道阻力
D. 降低肺泡表面张力
E. 降低呼吸膜通透性

41. 体内氧分压最高的部位是（ ）

A. 肺泡气
B. 细胞内液
C. 组织液
D. 动脉血
E. 静脉血

42. 引起氧解离曲线右移的是（ ）

A. CO_2 分压增加
B. 2,3-DPG 降低
C. pH 值升高
D. 温度降低
E. CO_2 分压降低

43. 生理情况下，血液中调节呼吸的最重要因素是（ ）

A. OH^-
B. H^+
C. O_2
D. CO_2
E. $NaHCO_3$

44. 血液中 H^+ 浓度升高，使呼吸运动增强，主要是通过（　　）

A. 刺激外周化学感受器
B. 刺激中枢化学感受器
C. 直接兴奋延髓呼吸中枢
D. 直接抑制延髓呼吸中枢
E. 直接兴奋脑桥呼吸调整中枢

45. 维持呼吸中枢正常兴奋性所必需的是（　　）

A. 缺 O_2
B. 一定浓度的 CO_2
C. $NaHCO_3$
D. 一定浓度的 H^+
E. HCO_3^-

46. 平静吸气主要由什么肌肉收缩所致（　　）

A. 肋间外肌和肋间内肌
B. 肋间外肌和膈肌
C. 肋间内肌和膈肌
D. 肋间外肌和腹肌
E. 肋间内肌和腹肌

47. 在下列哪一时相中，肺内压等于大气压（　　）

A. 呼气全程
B. 吸气末和呼气末
C. 呼气末和吸气初
D. 吸气全程
E. 呼吸全程

48. 感受动脉血氧分压降低引起的肺通气增强的最主要的感受器位于（　　）

A. 颈动脉体
B. 颈动脉窦
C. 主动脉体
D. 主动脉弓
E. 延髓

49. 人过度通气后可发生呼吸暂停，其主要原因是（　　）

A. 呼吸肌过度疲劳
B. 血液 O_2 分压升高
C. 血液 CO_2 分压降低
D. 血液 pH 值过低
E. 脑血流量减少

50. 在下列哪个平面横断脑干后仍能保持正常呼吸节律（　　）

A. 脊髓与延髓之间
B. 延髓与脑桥之间

C. 脑桥中、下部之间　　D. 脑桥中、上部之间

E. 脑桥与中脑之间

51. 肺表面活性物质增多时（　　）

A. 弹性阻力增大　　B. 肺泡通气量减少

C. 非弹性阻力减小　　D. 肺泡表面张力增大

E. 肺顺应性增大

52. PCO_2 轻度升高引起呼吸运动增强，其作用的最重要途径是刺激（　　）

A. 颈动脉体化学感受器　　B. 主动脉体化学感受器

C. 延髓化学感受器　　D. 肺牵张感受器

E. 心肺化学感受器

53. 下列叙述，哪一项不正确（　　）

A. 平静呼吸时每次吸入或呼出的气体量称为潮气量

B. 平静呼气末肺内剩余的气体量称为功能余气量

C. 肺内能容纳的最大气体量称为有效通气量

D. 平静呼气末再用力呼气所能呼出的气体量称为补呼气量

E. 补呼气量加余气量等于功能余气量

54. 关于 O_2 在血液中运输的叙述，下列哪一项是错误的（　　）

A. 以结合的形式运输的量占总运输量的 98%

B. O_2 的结合形式是氧合血红蛋白

C. O_2 与血红蛋白结合或解离取决于氧分压的高低

D. 氧合血红蛋白呈鲜红色

E. 血红蛋白浓度低下的患者易出现发绀

55. 以下叙述错误的是（　　）

A. 机体与环境之间的气体交换过程称为呼吸

B. 呼吸由外呼吸、气体在血液中的运输、内呼吸组成

C. 生理条件下，胸膜腔内压均高于大气压

D. 胸膜腔负压可以维持肺扩张、有利于静脉血和淋巴液的回流

E. 机体在新陈代谢中需要不断地吸入氧气、排出二氧化碳

56. 下列哪种情况可致动脉血 PO_2 和 PCO_2 降低（　　）

A. 初到高原　　B. 贫血

C. 主动过度换气　　D. CO 中毒

E. 换气障碍

57. 100 ml 血液所能携带氧的最大量取决于血液（　　）

A. O_2 分压　　B. CO_2 分压

C. pH 值　　D. 2,3-DPG 含量

E. 血红蛋白浓度

58. 因外伤造成一侧胸膜破裂形成气胸，此时伤侧胸膜腔内压（　　）

A. 小于大气压　　B. 大于大气压

C. 等于大气压　　D. 等于肺内压

E. 等于跨肺压

59. 波尔效应是下列哪项因素对氧解离曲线的影响（　　）

A. 氨基甲酰血红蛋白　　B. CO

C. 温度　　D. pH 值和 PCO_2

E. 2,3-DPG

60. 关于 CO_2 在血液中运输的叙述，下列哪一项是错误的（　　）

A. CO_2 主要在血浆中与水结合形成碳酸

B. 在血浆中溶解的 CO_2 绝大部分扩散入红细胞内

C. 溶解在血浆中的 CO_2 只占血液运输的一小部分

D. CO_2 形成碳酸需要碳酸酐酶的催化

E. 氨基甲酰血红蛋白是 CO_2 的结合运输的一种形式

二、B 型题

本部分的每组题目前均有五个选项，每组题共用这五个选项。每道题的正确答案只有一个，选项可重复选择。

【1~6】

A. 肺活量　　B. 时间肺活量

C. 每分通气量　　D. 肺总容量

E. 肺泡通气量

1. 肺活量和余气量之和为（　　）
2. 潮气量与呼吸频率的乘积为（　　）
3. 真正有效的通气量是（　　）
4. 评价肺通气功能较好的指标是（　　）
5. 最大吸气后，从肺内所能呼出的最大气量称为（　　）
6. 潮气量、补吸气量与补呼气量之和为（　　）

【7~9】

A. 弹性阻力　　B. 顺应性

C. 肺泡表面张力　　D. 肺表面活性物质

E. 非弹性阻力

7. 气体在呼吸道内流动时产生的阻力属于（　　）
8. 能够调节大小肺泡回缩力的是（　　）
9. 肺的弹性阻力主要来自（　　）

【10~12】

A. 外呼吸　　B. 肺通气

C. 肺换气　　D. 血液气体运输

E. 内呼吸

10. 肺通气与肺换气合称为（ ）

11. 血液与组织细胞之间的气体交换属于（ ）

12. 肺泡气与大气之间的气体交换称为（ ）

三、X 型题

本部分每道题后有五个选项，其中至少有两个为正确答案。

1. 胸膜腔负压的生理作用是（ ）

A. 有利于静脉血和淋巴液的回流　B. 增加呼吸道阻力

C. 使肺叶保持扩张状态　D. 减少呼吸时胸膜腔容积的变化

E. 使肺能随胸廓的张缩而张缩

2. 哪些肌肉属于呼气肌（ ）

A. 胸锁乳突肌　B. 腹肌

C. 斜角肌　D. 肋间内肌

E. 肋间外肌

3. 关于化学因素对呼吸的影响，正确的是（ ）

A. CO_2 是经常性的生理性刺激　B. 吸入气的 CO_2 浓度越高肺通气量越大

C. 血液 PCO_2 下降可使呼吸抑制　D. 缺氧对呼吸中枢有直接抑制作用

E. 血液中的 H^+ 主要作用于外周化学感受器

4. 下列关于肺弹性阻力的描述，正确的是（ ）

A. 由肺弹性回缩力和肺泡表面张力两部分组成

B. 肺表面活性物质缺乏可导致肺弹性阻力增大

C. 是吸气的动力，呼气的阻力

D. 肺气肿时，肺弹性阻力增大

E. 肺水肿时，肺弹性阻力减小

5. 血液中 PCO_2 升高使呼吸运动增强是通过（　　）

A. 兴奋中枢化学感受器　　B. 兴奋外周化学感受器

C. 兴奋肌梭　　D. 兴奋压力感受器

E. 神经性调节

6. 有关肺表面活性物质的叙述，下面哪些是正确的（　　）

A. 由肺泡Ⅰ型上皮细胞分泌　　B. 主要成分为二棕榈酰卵磷脂

C. 降低肺泡表面张力　　D. 维持肺泡容积的相对稳定

E. 防止肺水肿

7. 关于血液气体运输的叙述，正确的是（　　）

A. O_2 和 CO_2 的化学结合量均大于物理溶解量

B. 只有物理溶解一种运输方式

C. 氨基甲酰血红蛋白是 CO_2 化学结合的运输形式之一

D. 氧分压降低则氧饱和度降低

E. O_2、CO 与血红蛋白结合均需酶的催化

8. H^+ 对呼吸的影响是（　　）

A. 血液中 H^+ 浓度升高，呼吸加强　　B. H^+ 浓度升高有可能导致血液 CO_2 分压下降

C. H^+ 的作用途径与 CO_2 相似　　D. H^+ 和 CO_2 容易通过血脑屏障

E. 血中 H^+ 主要通过中枢化学感受器起作用

9. 外周化学感受器的有效刺激是（　　）

A. 二氧化碳分压升高　　B. 氧分压下降

C. 氢离子浓度升高　　D. 氮气分压升高

E. 血氧含量下降

10. 吸气时（　　）

A. 气道阻力减小　　B. 胸内负压负值加大

C. 静脉回流减少　　D. 肺血容量减少

E. 肺回缩力减小

11. CO 与 Hb 结合的特点包括（　　）

A. CO 与 Hb 的亲和力大于氧

B. CO 与 Hb 的亲和力小于氧

C. 结合生成的碳氧血红蛋白无携氧能力

D. 二者结合后，妨碍氧的解离

E. 二者结合后，妨碍氧的结合

第二部分　判断题

1. 一定范围内，浅而快的呼吸可明显增加通气效率。（　　）
2. 肺通气的直接动力是呼吸运动。（　　）
3. 肺与外界环境之间的气体交换过程称为呼吸。（　　）
4. 肺的顺应性越大，其弹性阻力也越大，故顺应性可作为弹性阻力的指标。（　　）
5. 通气 / 血流比值越大则肺换气越好，越小则肺换气越坏。（　　）
6. 温度升高可使氧解离曲线左移。（　　）
7. CO_2 在血液中的浓度变化所引起的呼吸运动变化，主要是通过中枢化学感受器而起作用。（　　）
8. 血液的氧容量越大，表示其含氧量越多。（　　）
9. 机体缺氧时，可直接促进呼吸中枢神经元兴奋，从而使呼吸加深加快。（　　）
10. 平静吸气时胸膜腔内压相对于大气压为负压，平静呼气时胸膜腔内压相对于大气压为正压。（　　）
11. 肺泡通气量和肺血流量的大小，都是影响气体交换的重要因素。（　　）
12. 正常成人的呼吸运动，常是胸式呼吸与腹式呼吸同时存在的混合形式。（　　）

第六章　消化与吸收

第一部分　选择题

一、A型题

本部分的每道题后面有四或五个选项，其中仅有一个为正确答案。

1. 所谓“食管下括约肌”是指（　　）
   A. 食管与胃交界处增厚的括约肌　　B. 食管与胃交界处的高压区
   C. 能阻止食物进入胃的瓣膜装置　　D. 食管与胃交界处的横纹肌

2. 下列哪一项不能促进胰液的分泌（　　）
   A. 迷走神经兴奋　　B. 胰高血糖素
   C. 缩胆囊素　　D. 促胰液素

3. 关于胃黏膜的自身防御机制，下列哪项是错误的（　　）
   A. 胃黏膜上皮表面有微绒毛　　B. 胃黏膜血流丰富
   C. 胃黏膜屏障　　D. 黏液－碳酸氢盐屏障

4. 刺激促胰液素释放的因素由强到弱的排列顺序为（　　）
   A. 盐酸＞蛋白质分解产物＞脂肪酸
   B. 蛋白质分解产物＞脂肪酸＞盐酸
   C. 盐酸＞脂肪酸＞蛋白质分解产物
   D. 蛋白质分解产物＞盐酸＞脂肪酸

5. 激活胰蛋白酶原的物质是（　　）
   A. 肠激酶　　B. HCO_3^-
   C. 糜蛋白酶　　D. HCl

6. 正常情况下胃蠕动的起始部位在（　　）

A. 贲门部　　B. 胃底部

C. 胃体中部　　D. 幽门部

7. 促胰液素能促进胰腺导管上皮细胞分泌（　　）

A. 大量水分和碳酸氢盐，但酶的含量少

B. 少量水分和碳酸氢盐，但酶的含量多

C. 大量水分，但碳酸氢盐和酶的含量少

D. 大量碳酸氢盐，水分和酶的含量也多

8. 某胆瘘患者胆汁大量流失至体外，胆汁分泌急剧减少，这是由于下列哪项减少（　　）

A. 胃泌素　　B. 胆盐的肠 - 肝循环

C. 合成胆盐的原料　　D. 促胰液素

9. 以下能抑制唾液分泌的是（　　）

A. 交感神经兴奋　　B. 副交感神经兴奋

C. 食物的形状　　D. 阿托品

10. 分泌胃泌素的主要部位是（　　）

A. 胃体　　B. 空肠

C. 回肠　　D. 胃窦和十二指肠

11. 关于头期胃液分泌的叙述，正确的是（　　）

A. 是纯神经性调节　　B. 只有非条件反射

C. 传出神经是迷走神经　　D. 不包括条件反射

12. 下列哪项不属于胃酸的作用（　　）

A. 激活胃蛋白酶原　　B. 使蛋白质变性，易于水解

C. 促进维生素 B_{12} 的吸收　　D. 引起促胰液素的释放

13. 关于胆汁的生理作用，错误的是（　　）

A. 胆盐、胆固醇和卵磷脂都可乳化脂肪

B. 胆盐可促进脂肪的吸收

C. 胆盐可促进水溶性维生素的吸收

D. 胆汁在十二指肠可中和一部分胃酸

14. 引起缩胆囊素分泌的最强刺激物是（　　）

A. 盐酸　　B. 脂肪酸

C. ACh　　D. 蛋白质分解产物

15. 对脂肪和蛋白质的消化，作用最强的是（　　）

A. 唾液　　B. 胰液

C. 胃液　　D. 胆汁

16. 激活糜蛋白酶原的物质是（　　）

A. 胰蛋白酶　　B. 组胺

C. RNA 酶　　D. 糜蛋白酶原

17. 下列哪一项不是促胰液素的作用（　　）

A. 促进胃酸分泌　　B. 促进胰液中水和 HCO_3^- 的大量分泌

C. 促进小肠液的分泌　　D. 抑制胃肠运动

18. 关于头期胃液分泌特点，哪一项错误（　　）

A. 持续时间较长　　B. 量大、酸度高

C. 胃蛋白酶含量高　　D. 与食欲无关

19. 水分及营养物质吸收的主要部位在（　　）

A. 胃　　B. 十二指肠

C. 小肠　　D. 大肠

20. 消化道平滑肌的紧张性和自动节律性主要依赖（　　）

A. 交感神经的支配　　B. 副交感神经的支配

C. 壁内神经丛的作用　　D. 平滑肌本身的特征

21. 糖类、蛋白质和脂肪的消化产物大部分被吸收的部位是（　　）

A. 十二指肠和空肠　　B. 空肠及回肠

C. 十二指肠　　D. 回肠

22. 胃切除术后患者出现贫血的原因与下列哪种物质吸收障碍有关（　　）

A. 蛋白质　　B. 叶酸

C. 维生素 B_{12}　　D. 脂肪

E. 钙

23. 下列关于消化道平滑肌生理特性的叙述，不正确的是（　　）

A. 兴奋性较骨骼肌低　　B. 伸展性大

C. 自律性频率较高且稳定　　D. 对机械切割和电刺激不敏感

E. 收缩缓慢

24. 胃特有的运动形式是（　　）

A. 紧张性收缩　　B. 蠕动

C. 逆蠕动　　D. 容受性舒张

E. 分节运动

25. 对于下列三类物质胃排空的速度由快至慢的顺序为（　　）

A. 蛋白质、脂肪、糖类　　B. 糖类、蛋白质、脂肪

C. 脂肪、蛋白质、糖类　　D. 糖类、脂肪、蛋白质

E. 蛋白质、糖类、脂肪

26. 胆汁中有利胆作用的成分是（　　）

A. 胆固醇　　B. 胆色素

C. 磷脂酰胆碱　　D. 脂肪酸

E. 胆盐

27. 大肠内的细菌可利用简单物质合成维生素，主要是（　　）

A. 维生素 D　　B. 维生素 A

C. 维生素 E　　D. 维生素 K 和 B 族维生素

E. 叶酸

28. 主动吸收胆盐和维生素 B_{12} 的部位是（　　）

A. 结肠上段　　B. 十二指肠

C. 空肠　　D. 结肠下段

E. 回肠

29. 副交感神经兴奋可使（　　）

A. 胃肠运动加强　　B. 胃排空减慢

C. 胆囊舒张　　D. 消化腺分泌减少

E. 括约肌收缩

30. 交感神经兴奋可使（　　）

A. 胃肠运动加强　　B. 胃排空加快

C. 胆囊收缩　　D. 消化腺分泌减少

E. 括约肌舒张

31. 人的唾液中含有的酶是（　　）

A. 脂肪酶　　B. 肽酶

C. 蛋白酶　　D. 淀粉酶和溶菌酶

E. 淀粉酶

32. 胃黏膜处于高酸和胃蛋白酶环境中，却并不被消化，是由于存在自我保护机制，称为（　　）

A. 黏液屏障　　B. 碳酸氢盐屏障

C. 黏液－碳酸氢盐屏障　　D. 黏液细胞保护

E. 黏液凝胶层保护

33. 小肠的特有运动形式是（　　）

A. 紧张性收缩　　B. 容受性舒张

C. 分节运动　　D. 蠕动

E. 集团蠕动

34. 下列哪项为不含有消化酶的消化液（　　）

A. 唾液　　B. 胃液

C. 胆汁　　D. 胰液

E. 小肠液

35. 胆汁中与脂肪消化和吸收有关的主要成分是（　　）

A. 胆色素　　B. 胆固醇

C. 卵磷脂　　D. 胆盐

E. 碳酸氢盐

36. 关于消化和吸收的叙述，错误的是（　　）

A. 食物被加工、分解的过程，属于消化

B. 大分子物质可被吸收入血

C. 小分子物质被转运入血或淋巴液的过程，属于吸收

D. 消化分为机械性消化和化学性消化

E. 消化在先，吸收在后

37. 关于铁的吸收，错误的是（　　）

A. 高价铁不易吸收，亚铁易吸收　　B. 机体缺铁时，吸收铁的能力增强

C. 维生素 D 可促进铁吸收　　D. 胃酸可促进铁吸收

E. 铁吸收的部位主要在十二指肠和空肠

38. 氨基酸和葡萄糖在小肠的吸收机制是（　　）

A. 渗透和滤过　　B. 原发性主动转运

C. 入胞作用　　D. 继发性主动转运

E. 易化扩散

39. 消化器官不具备的功能是（　　）

A. 消化食物　　B. 吸收营养

C. 免疫　　D. 维持酸碱平衡

E. 内分泌

40. 排便反射的初级中枢位于（　　）

A. 大脑皮层　　B. 脑桥

C. 延髓　　D. 脊髓胸段

E. 脊髓腰骶段

41. 胃蛋白酶原的激活主要依赖（　　）

A. 肠激酶　　B. 蛋白质分解产物

C. 盐酸　　D. 胃泌素

E. 促胰液素

42. 胃肠道平滑肌的节律性收缩频率主要取决于（　　）

A. 动作电位频率　　B. 静息电位的幅值

C. 阈电位的幅值　　D. 慢波的频率

E. 动作电位的幅值

43. 下列哪种细胞分泌胃泌素（　　）

A. 胃腺的主细胞　　B. 胃腺的壁细胞

C. 胃腺的黏液细胞　　D. 胃黏膜的 G 细胞

E. 小肠黏膜的 I 细胞

44. 纯净的胃液 pH 值为（　　）

A. 7.4 ~ 8.0　　B. 6.5 ~ 7.1

C. 4.2 ~ 5.0　　D. 2.5 ~ 3.5

E. 0.9 ~ 1.5

45. 下列哪一项不是唾液的生理作用（　　）

A. 部分消化淀粉　　B. 部分消化蛋白质

C. 湿润与溶解食物　　D. 清洁和保护口腔

E. 杀灭食物中的细菌

46. 关于胃液分泌的叙述，下列哪一项是错误的（　　）

A. 壁细胞分泌盐酸

B. 主细胞分泌胃蛋白酶原和内因子

C. 胃分泌盐酸的能力与壁细胞数目有关

D. 幽门腺及胃表面上皮细胞分泌黏液

E. 黏液是一种糖蛋白

47. 促使胰液中各种酶分泌的重要体液因素是（　　）

A. 胃泌素
B. 促胰液素
C. 缩胆囊素
D. 胆盐
E. HCl

48. 下列哪项不参与调控胃排空速度（　　）

A. 水
B. 胃泌素
C. 食物对胃的扩张刺激
D. 内容物的渗透压
E. 进入十二指肠的酸性食糜

49. 关于糖的吸收的叙述，错误的是（　　）

A. 以单糖的形式吸收
B. 是继发性主动转运过程
C. 需要 Na^+ 参与
D. 吸收途径为血液和淋巴液
E. 己糖比戊糖吸收快

50. 下列哪项不属于胃液的作用（　　）

A. 杀菌
B. 激活胃蛋白酶原
C. 水解蛋白质
D. 对淀粉进行初步消化
E. 促进维生素 B_{12} 吸收

51. 对于胃肠激素的叙述，下列哪一项不正确（　　）

A. 胃肠激素既有肽类激素，也有类固醇激素
B. 蛋白质消化产物是促使胃泌素释放的主要因素
C. 缩胆囊素既可促进胆囊收缩，也可刺激胰酶分泌
D. 促胰液素刺激胰液分泌，但抑制胃酸分泌
E. 胃泌素是由胃窦和十二指肠的 G 细胞分泌的

52. 胃的容受性舒张是通过下列哪一途径实现的（　　）

A. 交感神经
B. 迷走神经
C. 壁内神经丛
D. 抑胃肽
E. 前列腺素

53. 对于蛋白质的吸收，错误的是（　　）

A. 可以二肽、三肽和氨基酸的形式吸收

B. 是主动的耗能过程

C. 吸收途径主要是通过血液

D. 与 Na^+ 的吸收无关

E. 绝大部分在十二指肠和近端空肠被吸收

54. 消化道平滑肌动作电位产生的离子基础主要是（　　）

A. Na^+ 内流　　B. K^+ 外流

C. Ca^{2+} 内流　　D. Na^+ 与 K^+ 内流

E. 以上都是

55. 有关分节运动的叙述正确的是（　　）

A. 它是以小肠环行肌为主的节律性舒缩活动

B. 有微弱的推送食糜的作用

C. 可促进小肠对食糜的消化和吸收

D. 是小肠所特有的运动形式

E. 以上都是

56. 小肠腺可分泌（　　）

A. 蔗糖酶　　B. 麦芽糖酶

C. 肠激酶　　D. 脂肪酶

E. 肽酶

57. 下列哪项不属于胆汁的成分（　　）

A. 胆盐　　B. 胆色素

C. 胆固醇　　D. 碳酸氢钠

E. 脂肪酶

58. 形成消化道平滑肌静息电位的主要离子是（　　）

A. Cl^-　　B. K^+

C. Na^+　　D. Ca^{2+}

E. Mg^{2+}

59. 下列关于铁的吸收，叙述错误的是（　　）

A. 胃酸促进铁的吸收　　B. Fe^{2+} 和 Fe^{3+} 都容易吸收

C. 维生素 C 可促进铁的吸收　　D. 人每天吸收的铁约 1mg

E. 胃大部分切除后的患者常伴有缺铁性贫血

60. 胰液中不含有（　　）

A. HCO_3^-　　B. 胰蛋白酶原

C. 肠激酶　　D. 淀粉酶

E. 脂肪酶

二、B 型题

本部分的每组题目前均有五个选项，每组题共用这五个选项。每道题的正确答案只有一个，选项可重复选择。

【1~4】

A. 主细胞　　B. 壁细胞

C. 黏液细胞　　D. 胃幽门黏膜中的 G 细胞

E. 胃黏膜表面上皮细胞

1. 分泌胃蛋白酶原的是（　　）
2. 分泌 HCl 的是（　　）
3. 分泌胃泌素的是（　　）
4. 分泌内因子的是（　　）

【5~8】

A. 胃蛋白酶　　B. 淀粉酶

C. 胰脂肪酶　　　　D. 肠激酶

E. 胰蛋白酶

5. 分解淀粉为麦芽糖的是（　　）

6. 以无活性的酶原形式分泌，在肠激酶的作用下被激活的是（　　）

7. 分解脂肪为甘油一酯和脂肪酸的是（　　）

8. 通过盐酸激活的酶是（　　）

三、X 型题

本部分每道题后有五个选项，其中至少有两个为正确答案。

1. 消化系统的生理功能包括（　　）

A. 消化功能　　　　B. 吸收功能

C. 内分泌功能　　　　D. 排泄功能

E. 免疫功能

2. 消化道平滑肌的一般生理特性包括（　　）

A. 具有紧张性

B. 具有自律性

C. 富有伸展性

D. 对电刺激不敏感，对温度、化学和牵张刺激敏感

E. 兴奋性高

3. 唾液的生理作用是（　　）

A. 分解淀粉　　　　B. 湿润、溶解食物，便于吞咽

C. 杀菌　　　　D. 引起味觉

E. 分解蛋白质

4. 机械消化的作用是（　　）

A. 磨碎食物　　　　B. 将大分子物质分解成小分子物质

C. 将食物与消化液充分混合　　D. 使食物在消化管内移动

E. 以上均是

5. 下列哪些物质能抑制胃液分泌（　　）

A. 脂肪　　B. 盐酸

C. 促胰液素　　D. 胃泌素

E. 促胃液素

6. 胃泌素的作用有（　　）

A. 使胃液分泌增加　　B. 使胃运动增强

C. 促进胰液分泌　　D. 促进胆汁分泌

E. 延缓胃排空

7. 小肠分节运动的作用在于（　　）

A. 使食糜与消化液充分混合，便于化学性消化

B. 促进胰液和胆汁的分泌

C. 使食糜与肠壁黏膜紧密接触，有利于吸收

D. 挤压肠壁，有助于血液和淋巴回流

E. 使食糜较快地向下推进

8. 关于胃液分泌的描述，哪些是对的（　　）

A. 壁细胞分泌盐酸　　B. 主细胞分泌胃蛋白酶

C. 黏液细胞分泌糖蛋白　　D. 幽门腺分泌黏液

E. 内因子由壁细胞分泌

9. 促胰液素（　　）

A. 由小肠上部 S 细胞产生

B. 在迷走神经兴奋时，分泌量增加

C. 在 HCl 的刺激下，分泌量明显增加

D. 主要使胰酶分泌增加

E. 主要作用于胰腺小导管上皮细胞

10. 胆汁的生理作用有（　　）

A. 胆汁中的胆盐、胆固醇、卵磷脂都可乳化脂肪

B. 胆汁中的胆盐可与脂肪酸结合，促进脂肪酸的吸收

C. 胆汁可促进脂溶性维生素的吸收

D. 胆汁中的消化酶可促进脂肪的消化

E. 胆汁在十二指肠可中和一部分胃酸

第二部分　判断题

1. 消化道运动的主要作用在于完成对食物的机械性消化，它对化学性消化和吸收也有促进作用。（　　）
2. 三大营养物质消化和吸收的主要部位在胃。（　　）
3. 蛋白质具有强烈的刺激胃液分泌的作用。（　　）
4. 维生素的吸收主要在小肠进行。（　　）
5. 唾液的分泌是通过神经调节和体液调节来实现的。（　　）
6. 头期胃液分泌，完全是神经反射性的。（　　）
7. 促胃液素是由胃幽门腺细胞分泌的。（　　）
8. 与小肠吸收葡萄糖有关的离子是 K^+。（　　）
9. 情绪低沉时，胃酸分泌会减少。（　　）
10. 支配消化腺的交感神经兴奋，可使胃肠平滑肌收缩。（　　）

第七章　能量代谢与体温

第一部分　选择题

一、A 型题

本部分的每道题后面有四或五个选项，其中仅有一个为正确答案。

1. 基础状态下，机体的能量消耗主要用于维持（　　）

A. 肌肉运动　　B. 学习思考

C. 消化食物　　D. 循环、呼吸

2. 一定时间内机体呼出的 CO_2 量与吸入 O_2 量的比值称为（　　）

A. 食物的热价　　B. 食物的氧热价

C. 物理热价　　D. 呼吸商

3. 下列哪种物质既是重要的贮能物质，又是直接供能的物质（　　）

A. 三磷酸腺苷　　B. 肝糖原

C. 葡萄糖　　D. 脂肪酸

4. 正常人一昼夜体温的波动幅度一般不超过（　　）

A. 1℃　　B. 0.5℃

C. 1.5℃　　D. 0.25℃

5. 正常人直肠温、腋窝温、口腔温的高低是（　　）

A. 口腔温＞腋窝温＞直肠温

B. 直肠温＞口腔温＞腋窝温

C. 直肠温＞腋窝温＞口腔温

D. 腋窝温＞口腔温＞直肠温

6. 当外界温度等于或高于机体皮肤温度时，机体的散热形式是（　　）

A. 辐射散热　　B. 传导散热

C. 对流散热　　D. 蒸发散热

7. 人体在安静状态下，能量代谢水平最稳定的环境温度范围为（　　）

A. 10 ~ 15℃　　B. 15 ~ 20℃

C. 20 ~ 30℃　　D. 15 ~ 30℃

8. 关于体温的正常变动，下述哪种情况不常见（　　）

A. 下午高于清晨　　B. 青年人高于老年人

C. 男性高于女性　　D. 运动时高于安静时

9. 人体在劳动状态下的主要产热器官是（　　）

A. 脑组织　　B. 心

C. 肝　　D. 骨骼肌

E. 皮肤

10. 影响能量代谢最为显著的因素是（　　）

A. 肌肉运动　　B. 睡眠

C. 环境温度　　D. 食物的特殊动力作用

E. 内分泌疾病

11. 测定基础代谢率的最佳温度是（　　）

A. 10 ~ 20℃　　B. 20 ~ 30℃

C. 0 ~ 10℃　　D. 30 ~ 40℃

E. 20 ~ 25℃

12. 基础代谢率的测量是临床诊断哪种疾病的重要辅助方法（　　）

A. 糖尿病　　B. 甲状腺疾病

C. 红细胞增多症　　D. 白血病

E. 脑出血

13. 下列关于基础代谢率的叙述，哪项是错误的（　　）

A. 基础代谢率相对值的正常范围为 ±15%

B. 男子的基础代谢率平均高于女子

C. 正常人基础代谢率是相对稳定的

D. 基础代谢率相对值超过 ±20% 时，才有可能是病理变化

E. 基础代谢率是机体的最低代谢水平

14. 在安静状态下，产热量最多的器官是（　　）

A. 胃肠　　B. 脑

C. 骨骼肌　　D. 肝脏

E. 肾脏

15. 食物的氧热价是指（　　）

A. 1g 食物氧化时所释放的能量

B. 1g 食物燃烧时所释放的能量

C. 食物氧化消耗 1L 氧气所释放的能量

D. 氧化 1g 食物、消耗 1L 氧气时释放的能量

E. 以上都不是

16. 长期处于病理饥饿状态下的患者，呼吸商趋向于（　　）

A. 0.70　　B. 0.80

C. 0.82　　D. 0.85

E. 1.00

17. 下列哪种食物的特殊动力效应最强（　　）

A. 脂肪　　B. 糖

C. 蛋白质　　D. 维生素

E. 无机盐

18. 从生理学角度出发，体温是指（　　）

A. 舌下温度　　B. 直肠温度

C. 腋窝温度　　D. 机体表层平均温度

E. 机体核心部分的平均温度

19. 患下列哪种疾病时，基础代谢率升高最为明显（　）

A. 糖尿病　　B. 红细胞增多症

C. 白血病　　D. 艾迪生病

E. 甲状腺功能亢进症

20. 基础体温在月经周期中发生变动，可能和下列哪种激素有关（　）

A. 促肾上腺皮质激素　　B. 胰岛素

C. 孕激素　　D. 雌激素

E. 甲状腺激素

21. 关于体温的正常波动，下列哪项是错误的（　）

A. 通常体温在清晨 2 ~ 6 时最低，下午 1 ~ 6 时最高

B. 女子体温略高于男子，排卵日最高

C. 新生儿体温易波动

D. 老年人体温往往低于成年人

E. 食物的特殊动力作用可使体温升高

22. 给高热患者用酒精擦浴是增加（　）

A. 辐射散热　　B. 对流散热

C. 蒸发散热　　D. 传导散热

E. 皮肤血流量

23. 人体最主要的散热器官是（　）

A. 肺和呼吸道　　B. 肾

C. 消化道　　D. 皮肤

E. 汗腺

24. 体温调节的主要中枢在（　）

A. 大脑皮层　　B. 丘脑

C. 下丘脑
D. 脑干网状结构
E. 延髓

25. 关于影响产热的因素，下述哪项是错误的（ ）

A. 骨骼肌活动使产热增加
B. 寒冷刺激使产热减少
C. 甲状腺激素分泌增加，产热增加
D. 交感神经兴奋可使产热增加
E. 环境温度超过 30℃可使产热增加

26. 下列哪项不符合基础代谢率的测定条件（ ）

A. 清晨、清醒
B. 静卧
C. 情绪稳定
D. 环境温度为 25℃
E. 进食后 1 小时

27. 基础代谢率的正常范围是不超过正常平均值的（ ）

A. ±30%
B. 30% ~ 40%
C. ±15%
D. 40% ~ 50%
E. ±20%

28. 关于在寒冷环境中机体出现反应的叙述，下列哪项不正确（ ）

A. 甲状腺激素分泌增加
B. 出现寒战
C. 皮肤血管舒张，血流量增加
D. 组织代谢率提高，产热量增加
E. 肾上腺素和去甲肾上腺素释放增加

29. 临床上用冰帽给高烧患者降温，其原理是利用冰水的导热度较大，从而增加（ ）

A. 对流散热
B. 传导散热
C. 对流和传导散热
D. 蒸发散热
E. 传导和蒸发散热

30. 有关体温调定点的叙述，错误的是（ ）

A. 位于视前区 - 下丘脑前部
B. 正常数值一般为 37℃
C. 发热时其调定点数值不改变
D. 发热时体温调节机能并无障碍
E. 存在温度敏感神经元

31. “额外”增加热量最多的食物是（　　）

A. 鸡蛋　　B. 甘蔗

C. 猪油　　D. 蔬菜

E. 水果

32. 大部分情况下，下列哪个因素对能量代谢的影响最小（　　）

A. 期末考试时　　B. 打篮球

C. 平静思考问题　　D. 蛋白质丰富的晚餐后 2 小时

E. 环境温度为 5℃

33. 下列哪项叙述正确（　　）

A. 大量发汗而造成的脱水，属低渗性脱水

B. 环境湿度越高，汗液越易蒸发

C. 人体的发汗通常是不被意识到的

D. 机体的主要散热部位是呼吸道黏膜

E. 机体通过辐射、传导等散热机制所散失的热量多少，取决于皮肤和环境之间的温度差

34. 在寒冷环境中下列哪项对体温的调节不起作用（　　）

A. 甲状腺激素分泌量增加　　B. 能量代谢率增加

C. 出现寒战　　D. 皮肤血管收缩，散热量减少

E. 交感神经的紧张性减低

35. 精神紧张对能量代谢有较大影响是因为（　　）

A. 神经元活动增加　　B. 无意识的肌紧张增加

C. 心率加快　　D. 脑组织代谢水平增加

E. 脑中脂肪代谢量增加

二、B 型题

本部分的每组题目前均有五个选项，每组题共用这五个选项。每道题的正确答案只有一个，选项可重复选择。

【1~3】

A. 0.71　　B. 0.80

C. 0.85　　D. 0.95

E. 1.00

1. 糖的呼吸商为（　　）
2. 蛋白质的呼吸商为（　　）
3. 一般混合食物的呼吸商为（　　）

【4~6】

A. 辐射散热　　B. 传导散热

C. 对流散热　　D. 不感蒸发

E. 发汗

4. 安静状态下，当环境温度升高到 30℃左右时，机体主要的散热方式是（　　）
5. 利用电风扇可以加快（　　）
6. 当环境温度低于皮肤温度时，人体散热的主要方式是（　　）

三、X 型题

本部分每道题后有五个选项，其中至少有两个为正确答案。

1. 能量代谢是指能量的（　　）

A. 释放　　B. 转移

C. 利用　　D. 产生

E. 储存

2. 关于体温，下列叙述正确的是（　　）

A. 机体体温是恒定的，任何时候都是 37℃

B. 女子体温低于男子

C. 儿童体温高于成人

D. 老人体温有下降倾向

E. 新生儿体温易波动

3. 测定人体的基础代谢率，必须控制的条件是（　　）

A. 清晨进餐之前

B. 室温在 20 ~ 25℃范围内

C. 静卧半小时以上

D. 清醒状态

E. 尽量避免精神紧张

4. 下列因素中哪些能影响皮肤温度（　　）

A. 发汗

B. 环境温度

C. 皮肤血流量

D. 精神紧张

E. 体温调节中枢的兴奋性

5. 当血液温度升高到体温调定点水平以上时，机体将出现（　　）

A. 皮肤血管扩张

B. 皮肤血流量增加

C. 汗腺分泌增多

D. 汗腺分泌减少

E. 皮肤血管收缩

6. 体温的昼夜变动规律为（　　）

A. 清晨 5 ~ 8 时最高

B. 清晨 2 ~ 6 时最低

C. 中午 12 时最高

D. 午后 1 ~ 6 时最高

E. 下午 5 ~ 8 时最低

7. 辐射散热与下列哪几种因素直接有关（　　）

A. 风速

B. 皮肤与环境的温差

C. 皮下脂肪

D. 体表面积

E. 湿度

8. 生理性体温调节包括（　　）

A. 发汗　　B. 增减皮肤血流量

C. 肌肉寒战　　D. 严寒时蜷曲身体

E. 寒冷时加衣

9. 当机体处于寒冷环境时，维持体热平衡的途径有（　　）

A. 寒战　　B. 提高代谢率

C. 皮肤血管扩张　　D. 甲状腺激素分泌增多

E. 发汗

第二部分　判断题

1. 影响能量代谢最显著的因素是肌肉活动。（　　）
2. 基础代谢率是人体正常情况下的最低代谢率。（　　）
3. 环境温度很低时，人体不存在蒸发散热。（　　）
4. 当环境温度高于皮肤温度时，蒸发散热就成了散热的唯一方式。（　　）
5. 人体在安静状态下，室温 20℃时的主要散热方式有辐射。（　　）
6. 小汗腺受交感神经支配，其节后纤维为胆碱能纤维，末梢释放的递质是乙酰胆碱。（　　）
7. 女子体温在排卵前升高，在排卵后降低，故女子体温随月经周期而变化。（　　）
8. 体重相同的人，其基础代谢率也基本相同。（　　）
9. 动 – 静脉短路主要分布于体表皮肤，与体温调节有关。（　　）

第八章　尿的生成与排出

第一部分　选择题

一、A 型题

本部分的每道题后面有四或五个选项，其中仅有一个为正确答案。

1. 分泌肾素的细胞是（　　）

A. 致密斑细胞　　B. 球旁细胞

C. 球外系膜细胞　　D. 极垫细胞

2. 少尿是指尿量为（　　）

A. 少于 0.1 L/d　　B. 0.1 ～ 0.5 L/d

C. 1.5 L/d　　D. 2.5 L/d

3. 酸中毒伴高血钾，其原因是（　　）

A. 氢钠交换减弱　　B. 钾钠交换减弱

C. 肾小球对钠的吸收增多　　D. 氢钾交换增多

4. 肾小球肾炎时，滤过膜机械屏障的作用增加，其主要影响是（　　）

A. 出现尿糖　　B. 肾小球滤过率下降

C. 出现蛋白尿　　D. 肾小球滤过量增加

5. 损毁视上核，将出现下列哪种变化（　　）

A. 尿量增加，尿浓缩　　B. 尿量减少，尿高度稀释

C. 尿量减少，尿浓缩　　D. 尿量增加，尿高度稀释

6. 近髓肾单位的主要功能是（　　）

A. 产生肾素　　B. 浓缩、稀释尿液

C. 排泄 Na^+、Cl^-　　D. 释放血管升压素

7. 大量出汗时尿量的减少主要是由于（　　）

A. 血浆晶体渗透压升高引起的血管升压素分泌增多

B. 血浆胶体渗透压升高引起的血管升压素分泌增多

C. 血容量减少导致的肾小球滤过率下降

D. 血容量减少引起的醛固酮分泌增多

8. 给家兔静脉注射抗利尿激素后尿量减少，该家兔尿量减少的主要机制是远曲小管和集合管（　　）

A. 对水的通透性增高　　B. 对 Na^+ 重吸收增多

C. 对尿素重吸收增多　　D. 管腔内溶质浓度降低

9. 交感神经兴奋不会引起（　　）

A. 入球和出球小动脉的收缩　　B. 肾素分泌的增加

C. 肾小球毛细血管的收缩　　D. 肾小球滤过率的降低

10. 动脉血压在 80 ~ 180 mmHg 范围内波动时，肾血流量能保持不变，这是由于（　　）

A. 肾血流量的自身调节　　B. 神经调节

C. 体液调节　　D. 神经和体液共同调节

11. 用于测量肾血浆流量的物质是（　　）

A. 菊粉　　B. 葡萄糖

C. 碘锐特　　D. 肌酐

12. 某肾病患者出现蛋白尿，可能是以下哪种原因（　　）

A. 血浆蛋白浓度偏高　　B. 肾血浆流量增大

C. 肾小球滤过膜面积减小　　D. 滤过膜上带负电荷的糖蛋白减少

13. 肾素－血管紧张素－醛固酮系统激活时，下列哪项不正确（　　）

A. 醛固酮分泌增多　　B. 小动脉紧张度增加

C. 血量增加　　D. 肾脏的钠盐排出增加

14. 尿量不随肾小球滤过率的增减而发生大幅度波动的原因是（　　）

A. 肾小球毛细血管血压变化不大　　B. 肾小管内胶体渗透压变化不大

C. 存在球－管平衡　　D. 肾小囊内压变化不大

15. 下列哪种情况引起多尿（　　）

A. 交感神经兴奋　　B. 抗利尿激素分泌增多

C. 肾小球滤过膜面积减小　　D. 肾小球毛细血管血压升高

16. 下列关于排尿反射的叙述，错误的是（　　）

A. 排尿反射是一种脊髓反射　　B. 交感神经兴奋时，促进排尿

C. 骶段脊髓的传出信号经盆神经传出　　D. 排尿反射是正反馈

17. 输尿管有结石或被肿瘤压迫时可能出现（　　）

A. 肾小囊内压降低　　B. 肾小囊内压升高

C. 肾小球毛细血管血压升高　　D. 有效滤过压升高

18. 下列哪种情况使抗利尿激素分泌减少（　　）

A. 严重呕吐或腹泻　　B. 大出血

C. 大量饮清水　　D. 由卧位转为坐位或立位

19. 肾脏的 Na^+ 浓度感受器在（　　）

A. 入球小动脉管壁　　B. 出球小动脉管壁

C. 球旁细胞　　D. 致密斑

20. 关于正常人血浆、原尿和终尿，下述哪项是错误的（　　）

A. 终尿量大约是原尿量的 1%

B. 原尿中几乎无蛋白质

C. 由于原尿中 K^+ 的重吸收，终尿中 K^+ 浓度比原尿低

D. 葡萄糖的浓度，血浆与原尿的相等

21. 当肾动脉压由 120 mmHg 上升到 150 mmHg 时，肾血流量的变化是（　　）

A. 明显增加　　B. 明显减少

C. 无明显改变　　D. 先增加后减少

22. 血 K^+ 浓度升高时，会引起（　　）

A. H^+ 排出增多　　B. NH_3 的分泌增多

C. 抗利尿激素分泌减少　　D. 醛固酮分泌增加

23. 当动脉血压 <40 mmHg 时，可出现（　　）

A. 无尿　　B. 少尿

C. 多尿　　D. 尿量不变

E. 血尿

24. 主要调节远端小管和集合管重吸收水的内源性物质是（　　）

A. 醛固酮　　B. 肾上腺素

C. 抗利尿激素　　D. 血管紧张素 II

E. 糖皮质激素

25. 肾小球有效滤过压等于（　　）

A. 肾小球毛细血管血压 -（血浆胶体渗透压 + 囊内压）

B. 肾小球毛细血管血压 + 血浆胶体渗透压 - 囊内压

C. 肾小球毛细血管血压 + 血浆胶体渗透压 + 囊内压

D. 血浆胶体渗透压 -（肾小球毛细血管血压 + 囊内压）

E. 囊内压 -（血浆胶体渗透压 + 肾小球毛细血管血压）

26. 下列关于 HCO_3^- 在近端小管重吸收的描述，正确的是（　　）

A. 重吸收率约为 67%　　B. 以 HCO_3^- 的形式重吸收

C. 与肾小管分泌 H^+ 相耦联　　D. 滞后于 Cl^- 的重吸收

E. 与 Na^+ 的重吸收无关

27. 建立肾内髓部渗透压梯度的主要溶质是（　　）

A. 磷酸盐和 NaCl　　B. KCl 和尿素

C. 尿素和葡萄糖　　D. NaCl 和 KCl

E. 尿素和 NaCl

28. 葡萄糖的吸收只限于（　　）

A. 远曲小管　　B. 近端小管

C. 集合管　　D. 髓袢

E. 以上都不是

29. 渗透性利尿是指（　　）

A. 大量饮清水使尿量增多
B. 肾小管壁对水通透性降低使尿量增多
C. ADH 分泌减少使尿量增多
D. 肾小管液溶质浓度增高使尿量增多
E. 醛固酮分泌减少引起尿量增多

30. 下列哪种情况可导致肾小球滤过率增高（　　）

A. 肾交感神经兴奋
B. 注射大量肾上腺素
C. 快速静脉滴注生理盐水
D. 静脉滴注高渗葡萄糖液
E. 注射抗利尿激素

31. 葡萄糖在近端小管的重吸收与下列哪种离子相伴联（　　）

A. K^+
B. Ca^{2+}
C. Cl^-
D. Na^+
E. Mg^{2+}

32. 循环血量增加，抗利尿激素释放（　　），尿量（　　）

A. 不变，减少
B. 减少，增多
C. 增多，减少
D. 减少，减少
E. 增多，增多

33. 肾小管对 HCO_3^- 的重吸收（　　）

A. 以 HCO_3^- 的形式吸收
B. 以 CO_2 的形式吸收
C. 主要在远端小管进行
D. 滞后于 Cl^- 的吸收
E. 不依赖于 H^+ 的分泌

34. 给某患者静脉注射 20% 葡萄糖 50 ml，患者尿量显著增加，尿糖定性阳性。分析该患者尿量增多的主要原因是（　　）

A. 肾小管对水的通透性降低
B. 肾小球滤过率增大
C. 肾小管溶质浓度增加
D. 肾小管对 Na^+ 吸收减少
E. 血容量增大

35. 球－管平衡是指（ ）

A. 近端小管对滤过液的重吸收率为 65% ～ 70%

B. 肾小球滤过率等于肾小管吸收率

C. 肾小管的重吸收率为 65% ～ 70%

D. 肾小球滤过率随肾小管吸收率而变化

E. 以上都不是

36. 当肾血流量不足或血钠降低时，可刺激肾脏近球细胞释放（ ）

A. 血管紧张素 B. 肾素

C. 抗利尿激素 D. 醛固酮

E. 肾上腺素

37. 醛固酮的作用是（ ）

A. 保 Na^+ 排 K^+ B. 保 K^+ 排 Na^+

C. 保 Na^+ 保 K^+ D. 排 Na^+ 排 K^+

E. 以上都不是

38. 剧烈运动时尿量减少的主要原因是（ ）

A. 体循环动脉血压下降 B. 醛固酮分泌增多

C. 肾血流量减少 D. 血浆胶体渗透压升高

E. 肾小管对水重吸收增加

39. 膀胱内充满尿液但不能自行排出，称为（ ）

A. 尿失禁 B. 尿潴留

C. 尿频 D. 遗尿

E. 尿急

40. 下列哪个因素与肾小球滤过率无关（ ）

A. 血浆晶体渗透压 B. 血浆胶体渗透压

C. 肾小球毛细血管血压 D. 肾小囊内压

E. 肾小球滤过膜的面积

41. 某患者脊髓腰段横断外伤后出现尿失禁，其机制是（　　）

A. 脊髓初级排尿中枢损伤
B. 初级排尿中枢与大脑皮层失去联系
C. 排尿反射传入神经受损
D. 排尿反射传出神经受损
E. 膀胱平滑肌功能障碍

42. 关于 K^+ 的分泌，下列哪一项叙述是错误的（　　）

A. 分泌的部位主要在远曲小管和集合管
B. 分泌的形式是 Na^+-K^+ 交换
C. Na^+-K^+ 交换和 Na^+-H^+ 交换是互相竞争的
D. 酸中毒时往往出现低血钾
E. 高钾饮食时尿中可排出大量 K^+

43. 最易通过肾小球滤过膜的物质是（　　）

A. 带负电的小分子
B. 带正电的小分子
C. 电中性的小分子
D. 带正电的大分子
E. 带负电的大分子

44. 正常成年人，肾小球滤过率约为（　　）

A. 75 ml/min
B. 100 ml/min
C. 125 ml/min
D. 150 ml/min
E. 175 ml/min

45. 原尿的成分与血浆相比，不同的是（　　）

A. 水的含量
B. Na^+ 的含量
C. 葡萄糖的含量
D. 蛋白质的含量
E. 尿素含量

46. 各段肾小管中，对 Na^+ 重吸收量最大的部位是（　　）

A. 近曲小管
B. 远曲小管
C. 髓袢升段
D. 髓袢降段
E. 集合管

47. 营养不良的老年人尿量增多的可能原因是（　　）

A. 抗利尿激素分泌减少

B. 肾小球滤过量增多

C. 尿素生成减少

D. 肾髓质直小血管血流加速

E. 醛固酮分泌减少

48. 人体最主要的排泄器官是（　　）

A. 肠道

B. 泪腺

C. 肺

D. 肾

E. 皮肤

49. 下述哪种情况下尿量改变与 ADH 无关（　　）

A. 大量饮水

B. 血糖浓度升高

C. 循环血量增加

D. 严重呕吐腹泻

E. 大量出汗

50. 醛固酮分泌的部位是（　　）

A. 肾上腺皮质的束状带

B. 肾上腺皮质的网状带

C. 肾上腺皮质的球状带

D. 肾上腺嗜铬细胞

E. 肾上腺髓质

51. 肾髓质渗透压梯度的维持主要依靠（　　）

A. 直小血管

B. 弓形动脉

C. 管周毛细血管

D. 小叶间动脉

E. 弓形静脉

52. 给家兔静脉注射去甲肾上腺素后血压升高，肾小球滤过率和尿量迅速减少，该动物肾小球滤过率降低的主要原因是（　　）

A. 肾小球毛细血管血压升高

B. 肾小囊内压升高

C. 肾小囊内液的胶体渗透压降低

D. 血浆胶体渗透压升高

E. 肾血流量减少

53. 肾外髓部的高渗梯度主要由于（　　）

A. 髓袢降支粗段主动重吸收 NaCl　　B. 髓袢降支粗段被动重吸收 NaCl

C. 髓袢升支粗段主动重吸收 NaCl　　D. 髓袢升支粗段被动重吸收 NaCl

E. 髓袢升支细段主动重吸收 NaCl

54. 已知菊粉可经肾小球自由滤过，但不被肾小管重吸收和分泌。给某人静脉注射菊粉后，肾脏每分钟可将 125 ml 血浆中的菊粉完全清除，该值等于（　　）

A. 肾小球滤过率　　B. 肾血流量

C. 肾血浆流量　　D. 肾小管分泌率

E. 肾小管重吸收率

55. 某外伤患者大出血后血压降低到 60/40 mmHg，尿量明显减少，该患者尿量明显减少的原因主要是（　　）

A. 肾小球毛细血管血压降低　　B. 肾小囊内压升高

C. 肾血浆胶体渗透压增高　　D. 滤过膜面积减小

E. 滤过膜通透性降低

二、B 型题

本部分的每组题目前均有五个选项，每组题共用这五个选项。每道题的正确答案只有一个，选项可重复选择。

【1~6】

A. 肾小球　　B. 近球小体

C. 近曲小管　　D. 髓袢升支粗段

E. 远曲小管和集合管

1. 原尿生成的部位是（　　）

2. 葡萄糖被重吸收的部位是（　　）

3. Na^+、K^+ 和 Cl^- 协同转运的部位是（　　）

4. 抗利尿激素作用的部位是（　　）

5. 醛固酮作用的部位是（　　）

6. 肾素分泌的部位是（　　）

【7~9】

A. 少尿　　B. 多尿

C. 尿频　　D. 尿失禁

E. 尿潴留

7. 下丘脑视上核受损时可出现（　　）

8. 盆神经受损时可出现（　　）

9. 泌尿系统发生炎症时可出现（　　）

【10~12】

A. 水利尿　　B. 渗透性利尿

C. 尿崩症　　D. 尿失禁

E. 尿潴留

10. 一次饮用大量清水导致尿量增多称为（　　）

11. 下丘脑视上核受损引起（　　）

12. 静脉滴注甘露醇引起（　　）

三、X 型题

本部分每道题后有五个选项，其中至少有两个为正确答案。

1. 能使尿量增加的因素是（　　）

A. 静脉输入大量生理盐水

B. 给予能被肾小球滤过，但不被重吸收的物质

C. 减少尿素的生成

D. 抑制髓袢升支粗段 Na^{+}、Cl^{-} 的主动重吸收

E. 剧烈运动

2. 构成肾小体的结构为（　　）

A. 肾小管　　B. 肾小囊

C. 出、入球小动脉　　D. 肾小球

E. 集合管

3. 肾脏血流量的特点是（　　）

A. 血液供应丰富　　B. 经过两次毛细血管分支

C. 肾小球毛细血管血压较高　　D. 髓质血流量多而皮质少

E. 皮质血流量多而髓质血流量少

4. 影响肾小球滤过率的因素有（　　）

A. 滤过膜的通透性　　B. 滤过膜的面积

C. 有效滤过压　　D. 肾血流量

E. 血浆晶体渗透压

5. 关于葡萄糖的重吸收，叙述正确的是（　　）

A. 只有近端小管可以重吸收　　B. 近端小管重吸收葡萄糖具有一定的限度

C. 是主动重吸收　　D. 与 Na^{+} 的重吸收耦联

E. 正常情况下小管液中的葡萄糖可全部被重吸收

6. 入球小动脉明显收缩时可引起（　　）

A. 肾小球毛细血管血压升高　　B. 肾血浆流量减少

C. 血浆胶体渗透压升高速度减慢　　D. 肾小球滤过率降低

E. 尿量减少

7. 肾脏的功能包括（　　）

A. 调节酸碱平衡　　B. 分泌肾上腺素

C. 分泌促红细胞生成素　　D. 调节水盐平衡

E. 分泌去甲肾上腺素

8. 引起肾素分泌的因素是（　　）

A. 血压下降　　B. 肾交感神经兴奋

C. 肾小管管液中 Na^+ 量减少　　D. 血管紧张素 Ⅱ

E. 肾上腺素

9. 关于排尿反射的叙述，正确的是（　　）

A. 其感受器是位于膀胱壁上的牵张感受器

B. 初级中枢位于骶段脊髓

C. 排尿反射中存在负反馈

D. 排尿反射受意识控制

E. 脊髓高位截瘫的患者，排尿反射仍可进行

10. 醛固酮（　　）

A. 使肾小管吸收钾增多　　B. 是由肾上腺皮质球状带分泌的

C. 使血容量减少　　D. 使肾小管重吸收钠增多

E. 受肾素调节

11. 血 K^+ 浓度升高时，肾小管、集合管中 K^+ 与 H^+ 的分泌变化是（　　）

A. H^+ 分泌减少　　B. H^+-Na^+ 交换减少

C. K^+ 分泌增加　　D. K^+-Na^+ 交换增加

E. H^+ 分泌无变化

12. 球旁器包括（　　）

A. 球旁细胞　　B. 肾小球外系膜间质细胞

C. 致密斑细胞　　D. 入球小动脉平滑肌细胞

E. 出球小动脉平滑肌细胞

13. 引起抗利尿激素分泌的原因是（　　）

A. 血浆胶体渗透压升高　　B. 循环血量减少

C. 血压升高　　D. 疼痛刺激

E. 血浆晶体渗透压升高

14. 在髓袢升支粗段与 Cl^- 联合重吸收的物质是（　　）

A. Na^+　　B. Ca^{2+}

C. K^+　　D. HCO_3^-

E. 水

15. 关于 H^+ 分泌的描述，正确的是（　　）

A. 近端小管、远曲小管和集合管均可分泌

B. 分泌过程与 Na^+ 的重吸收有关

C. 有利于 HCO_3^- 的重吸收

D. 可阻碍 NH_3 的分泌

E. H^+ 分泌增多时，K^+ 分泌减少

第二部分　判断题

1. 无尿是指一点尿液也没有。（　　）
2. 大量饮清水后尿量增多的主要原因为血浆胶体渗透压降低。（　　）
3. 近端小管对 H_2O 的重吸收是等渗性重吸收，与人体是否缺水无关。（　　）
4. 终尿中的 K^+ 主要来源于肾小球的滤过。（　　）
5. HCO_3^- 重吸收与 H^+ 分泌有关，主要以 CO_2 的形式吸收入肾小管上皮细胞内。（　　）
6. 当尿中出现葡萄糖时，尿中糖的浓度为肾糖阈。（　　）
7. 近曲小管分泌 H^+ 的方式，全都属被动转运。（　　）
8. 排泄是指机体将代谢终产物，包括食物残渣等排出体外的过程。（　　）
9. 正常情况下，对抗肾小球滤过作用的力量是血浆胶体渗透压和囊内压。（　　）
10. 小管液的渗透压是促进肾小管重吸收水分的力量。（　　）
11. 循环血量增多时，肾素分泌增多，使血中血管紧张素增多，引起醛固酮分泌增多。（　　）
12. 肾小管对 NH_3 的分泌和 H^+ 的分泌有相互促进作用。（　　）

13. 大量出汗后尿量减少的原因是肾小球滤过增加。（ ）

14. 肾单位是肾的基本功能单位，独立完成尿的生成过程。（ ）

15. 大失血后动脉血压明显降低时，肾血流量能通过自身调节维持稳定不变。（ ）

第九章　感觉器官的功能

第一部分　选择题

一、A 型题

本部分的每道题后面有四或五个选项，其中仅有一个为正确答案。

1. 在正常人眼，入射光线的折射主要发生在（　　）

A. 角膜　　B. 晶状体

C. 玻璃体　　D. 房水

2. 在视网膜中，能感受光刺激的细胞是（　　）

A. 视锥、视杆细胞　　B. 双极细胞

C. 水平细胞　　D. 神经节细胞

3. 关于感受器的一般生理特性描述，下列选项不正确的是（　　）

A. 换能作用　　B. 适应现象

C. 编码作用　　D. 放大作用

4. 下列感受器中，最容易发生适应的是（　　）

A. 嗅觉感受器　　B. 痛觉感受器

C. 压力感受器　　D. 牵张反射的感受器

5. 听觉感受器位于（　　）

A. 耳蜗　　B. 前庭器官

C. 外耳　　D. 中耳

6. 关于视锥细胞的描述，错误的是（　　）

A. 主要分布在中央凹处

B. 对物体精细程度分辨能力强

C. 维生素 A 缺乏影响其视紫红质的合成

D. 有色觉辨别能力

7. 关于晶状体的调节，下列哪项是正确的（　　）

A. 看近物时，晶状体不需要调节　　B. 看远物时，睫状肌收缩

C. 看远物时，晶状体变凸　　D. 物体距离眼睛越近，晶状体也越凸

8. 视杆细胞的感光色素是（　　）

A. 视黄醛　　B. 视紫红质

C. 视蛋白　　D. 视紫绿质

9. 关于视网膜的感光细胞的叙述，正确的是（　　）

A. 存在视杆和视锥两种感光细胞

B. 两种感光细胞的感光色素均有视紫红质

C. 中央凹处视杆细胞分布密集

D. 视锥细胞光敏度高

10. 视近物时使成像落在视网膜上的主要调节活动是（　　）

A. 角膜曲率半径变大　　B. 晶状体前、后表面曲率半径变小

C. 眼球前后径变大　　D. 房水折光系数增高

11. 强光照射一侧眼球可出现（　　）

A. 被照射侧瞳孔缩小，另一侧瞳孔不变

B. 两侧瞳孔均缩小

C. 被照射侧瞳孔缩小，另一侧瞳孔扩大

D. 两侧瞳孔均扩大

12. “入芝兰之室，久而不闻其香”描述的是感受器的哪种特性（　　）

A. 编码作用　　B. 适应现象

C. 适宜刺激　　D. 疲劳现象

13. 视网膜上分布的感光细胞几乎全是视锥细胞的区域在（　　）

A. 中央凹　　B. 视乳头

C. 眼轴与视网膜交汇处　　D. 视神经

14. 老视发生的原因是（　　）

A. 晶状体透明度改变　　B. 晶状体弹性减弱

C. 角膜曲率改变　　D. 角膜透明度改变

15. 瞳孔对光反射的反射中枢位于（　　）

A. 枕叶皮层　　B. 丘脑外侧膝状体

C. 中脑　　D. 脑桥

16. 在刺激感受器时，刺激虽在持续，但传入冲动频率已开始下降的现象称为（　　）

A. 疲劳　　B. 抑制

C. 适应　　D. 传导阻滞

E. 衰减传导

17. 近视眼与正视眼相比，前者的（　　）

A. 近点变远，远点变近　　B. 近点和远点都变远

C. 近点变近，远点变远　　D. 近点和远点都变近

E. 近点变远，远点不变

18. 感觉器官不具有下面哪项功能（　　）

A. 接受适宜的刺激　　B. 将刺激能量转化为神经冲动

C. 有一定的适应能力　　D. 产生相应的感觉

E. 受刺激后首先产生感受器电位

19. 当睫状肌收缩时可使（　　）

A. 角膜曲度增大　　B. 角膜曲度减小

C. 瞳孔缩小　　D. 晶状体曲度增大

E. 晶状体曲度减小

20. 视黄醛由下列哪种物质转化而来（　　）

A. 维生素 D　　B. 维生素 E

C. 维生素 A　　D. 维生素 B

E. 维生素 K

21. 眼处于静息状态时，能够形成清晰视觉的眼前物质最远之点为（　　）

A. 近点　　B. 远点

C. 焦点　　D. 主点

E. 节点

22. 眼的近点的远近主要决定于（　　）

A. 瞳孔的直径　　B. 晶状体的弹性

C. 房水的折光指数　　D. 角膜前表面的曲率半径

E. 玻璃体的折光指数

23. 夜盲症发生的原因是（　　）

A. 视紫红质过多　　B. 视紫红质缺乏

C. 视黄醛过多　　D. 视蛋白合成障碍

E. 视紫蓝质合成过多

24. 视野范围最小的颜色是（　　）

A. 红色　　B. 黄色

C. 绿色　　D. 蓝色

E. 白色

25. 听骨链传导声波的作用是使振动（　　）

A．幅度减小，压强增大　　B．幅度增大，压强增大

C．幅度减小，压强减小　　D．幅度增大，压强减小

E．幅度不变，压强增大

26. 飞机上升和下降时，服务员向乘客递送糖果，使乘客做吞咽动作，其生理意义在于（　　）

A. 调节基底膜两侧的压力平衡

B. 调节前庭膜两侧的压力平衡

C. 调节圆窗膜内外压力平衡

D. 调节鼓室与大气之间的压力平衡

E. 调节中耳与内耳之间的压力平衡

27. 声音传向内耳的主要途径是（　　）

A. 外耳→鼓膜→听骨链→圆窗→内耳

B. 颅骨→耳蜗内淋巴

C. 外耳→鼓膜→听骨链→卵圆窗→内耳

D. 外耳→鼓膜→鼓室空气→圆窗→内耳

E. 外耳→鼓膜→听骨链→卵圆窗→圆窗→内耳

28. 眼的折光系统不包括（　　）

A. 晶状体　　B. 视网膜

C. 角膜　　D. 房水

E. 玻璃体

29. 视觉器官的感受器是（　　）

A. 视神经　　B. 视网膜

C. 角膜　　D. 晶状体

E. 玻璃体

30. 对远视眼的叙述，错误的是（　　）

A. 眼球前后径过短　　B. 眼的折光力过弱

C. 近点较正视眼短　　D. 平行光线聚焦于视网膜之后

E. 可用凸透镜矫正

31. 视近物时，瞳孔缩小的生理意义是（　　）

A. 使进入眼内的光线形成直射　　B. 减少球面像差和色像差

C. 使物像落在两眼的对称部位　　D. 增加眼的折光力

E．形成立体视觉

32. 巨大爆炸声响时，迅速张口有利于保护（　　）

A. 前庭膜　　B. 鼓膜

C. 基底膜　　D. 蜗窗膜

E. 耳蜗

33. 内耳感音换能作用发生在（　　）

A. 鼓膜　　B. 前庭窗膜

C. 蜗窗膜　　D. 前庭膜

E. 基底膜

34. 眼经充分调节能看清眼前物体的最近之点，称为（　　）

A. 主点　　B. 节点

C. 焦点　　D. 近点

E. 远点

35. 专门感受机体内、外环境变化的结构或装置称为（　　）

A. 受体　　B. 感受器

C. 分析器　　D. 感觉器官

E. 特殊器官

36. 下列哪种感受器属于快适应感受器（　　）

A. 肌梭　　B. 痛觉感受器

C. 皮肤触觉感受器　　D. 视网膜感光细胞

E. 颈动脉窦压力感受器

37. 各种感受器均有其最敏感、最容易接受的刺激形式，称为感受器的（　　）

A. 阈值　　B. 阈刺激

C. 感觉阈值　　D. 适宜刺激

E. 适宜强度

38. 在眼的折光系统中，折光力可被调节的结构是（　　）

A. 角膜　　B. 房水

C. 晶状体　　D. 玻璃体

E. 巩膜

39. 散光眼产生的原因多为（　　）

A. 眼球前后径过长　　B. 眼球前后径过短

C. 晶状体曲率半径过小　　D. 睫状体疲劳或萎缩

E. 角膜表面不呈正球面

40. 与声波传导和感受无直接关系的结构是（　　）

A. 鼓膜　　B. 基底膜

C. 听骨链　　D. 毛细胞

E. 咽鼓管

二、B 型题

本部分的每组题目前均有五个选项，每组题共用这五个选项。每道题的正确答案只有一个，选项可重复选择。

【1~4】

A. 瞳孔缩小　　B. 晶状体曲率减小

C. 晶状体曲率增大　　D. 角膜曲率变大

E. 角膜曲率变小

1. 当睫状肌收缩时会引起（　　）
2. 当睫状肌舒张时会引起（　　）
3. 当悬韧带松弛时会引起（　　）
4. 副交感神经兴奋时会引起（　　）

【5~7】

A. 明适应　　B. 暗适应

C. 夜盲症　　D. 视敏度

E. 视野

5. 长期缺乏维生素 A 会导致（　　）
6. 单眼固定注视前方一点，该眼所能看到的空间范围称为（　　）

7. 眼对物体细微结构的分辨能力称为（　　）

【8~11】

A. 近视眼　　　　B. 远视眼

C. 散光眼　　　　D. 老视眼

E. 正视眼

8. 不论视近物还是视远物都需要调节的眼称为（　　）

9. 需要用柱面镜加以纠正视力的眼称为（　　）

10. 由于晶状体的弹性降低造成视近物不清称为（　　）

11. 由于眼球的前后径过长或眼的折光力过强造成视物不清称为（　　）

【12~14】

A. 蜗管　　　　B. 咽鼓管

C. 前庭阶　　　　D. 鼓阶

E. 半规管

12. 连接中耳和咽部的管道是（　　）

13. 含有内淋巴的耳蜗管道是（　　）

14. 含有外淋巴并与卵圆窗相通的管道是（　　）

三、X 型题

本部分每道题后有五个选项，其中至少有两个为正确答案。

1. 感受器的生理特性包括（　　）

A. 每种感受器均有一种最敏感的刺激　　B. 能把刺激能量转变为神经冲动

C. 有不同快慢的适应现象　　D. 对刺激信息有处理加工作用

E. 对不适宜的刺激也有反应

2. 关于视杆细胞（　　）

A. 主要分布于视网膜中央凹处　B. 对光刺激比视锥细胞敏感

C. 感光色素为视紫红质　D. 分辨能力低

E. 主要感受强光刺激

3. 下面哪些是感受器的生理特性（　　）

A. 有适宜的刺激　B. 换能作用

C. 编码作用　D. 适应现象

E. 整合作用

4. 视紫红质（　　）

A. 在光照时迅速分解　B. 分解与再合成为可逆反应

C. 是一种结合蛋白质　D. 是视锥细胞的感光色素

E. 是视杆细胞的感光色素

5. 感受器电位的特征为（　　）

A. 以电紧张方式扩布　B. 多为去极化电位

C. 非“全或无”式　D. 有总和现象

E. 也有超极化电位

6. 不同种类感觉的引起，主要决定于（　　）

A. 被刺激的感受器　B. 刺激的性质

C. 传入冲动最终到达大脑皮层的部位　D. 刺激频率

E. 刺激强度

7. 关于咽鼓管的叙述，正确的是（　　）

A. 咽鼓管为鼻咽部与鼓室的通道　B. 咽鼓管的开口部常处于闭合状态

C. 咽鼓管在做吞咽运动时开放　D. 咽鼓管起着平衡鼓室内压和大气压的作用

E. 咽鼓管内有三块听小骨

第二部分　判断题

1. 近点越近，晶状体的调节能力越强。（　　）
2. 视杆细胞的感光色素是视紫红质。（　　）
3. 近视眼的近点比正常眼近，而远视眼的近点却比正常眼远。（　　）
4. 远视眼看 6 m 以外的远处物体时，需要经过调节使晶状体的折光力增强以使物像呈现在视网膜上。（　　）
5. 视近物时，瞳孔缩小。（　　）
6. 感受器的适应不是感受器的疲劳。（　　）
7. 根据听骨链的增压效应，声波通过鼓膜、听骨链到达卵圆窗时，其压力明显增大。（　　）
8. 视锥细胞与视杆细胞相比，对光更敏感。（　　）
9. 年龄老化能够使人的晶状体调节能力减弱，近点移近。（　　）

第十章　神经系统的功能

第一部分　选择题

一、A 型题

本部分的每道题后面有四或五个选项，其中仅有一个为正确答案。

1. 维持站立姿势最基本的反射活动是（　　）

A. 屈肌反射　　B. 肌紧张反射

C. 对侧伸肌反射　　D. 牵张反射

2. 副交感神经兴奋可引起（　　）

A. 心率加快　　B. 糖酵解加强

C. 胃肠运动减弱　　D. 支气管平滑肌收缩

3. 属于中枢兴奋性递质的是（　　）

A. 牛磺酸　　B. 谷氨酸

C. 甘氨酸　　D. γ－氨基丁酸

4. 缓慢持续地牵拉肌腱（如重力），引起机体被牵拉肌肉的紧张性收缩。这一反射称为（　　）

A. 腱反射　　B. 搔爬反射

C. 屈肌反射　　D. 肌紧张

5. 能产生兴奋总和效应的神经元联系方式为（　　）

A. 聚合　　B. 辐散

C. 环式　　D. 链锁

6. 脊髓小脑损伤后，患者主要的症状表现为（　　）

A. 运动共济失调　B. 上肢舞蹈样动作

C. 站立不稳　D. 静止性震颤

7. 抑制性突触后电位的变化是（　　）

A. 超极化　B. 去极化

C. 复极化　D. 反极化

8. 脑干网状结构上行激动系统功能的发挥是通过（　　）

A. γ－环路　B. 非特异性投射系统

C. 特异性投射系统　D. 锥体外系

9. 快波睡眠的生物学意义是（　　）

A. 贮存能量　B. 促进食欲消化

C. 促进记忆和幼儿神经系统成熟　D. 促进脑电图同步化

10. 支配汗腺的交感神经末梢释放的递质是（　　）

A. 肾上腺素　B. 去甲肾上腺素

C. 乙酰胆碱　D. 5－羟色胺

11. 脊髓灰质炎患者出现肢体肌肉萎缩的原因是（　　）

A. 失去了神经冲动的影响　B. 因供血减少而使肌肉萎缩

C. 肌肉受到病毒的侵害　D. 失去了运动神经的营养作用

12. 下列不属于脊休克后的表现是（　　）

A. 血压下降，肌张力下降

B. 发汗反射消失，外周血管扩张

C. 简单的反射恢复快，复杂的反射恢复慢

D. 屈肌反射恢复后比正常时减弱

13. 迷走神经和交感神经对下列哪种消化腺的分泌均具有促进作用（　　）

A. 唾液　B. 胃液

C. 胰液　D. 胆汁

14. 关于兴奋性突触传递的叙述，错误的是（　）

A. 突触前轴突末梢去极化

B. Ca^{2+} 由膜外进入突触前膜内

C. 突触小泡释放递质，并与突触后膜受体结合

D. 突触后膜对 Na^{+}、K^{+}、Ca^{2+}，特别是 K^{+} 的通透性升高

15. “谈虎色变”是由于（　）

A. 交感神经兴奋所致　　B. 副交感神经兴奋所致

C. 第一信号系统的活动　　D. 第二信号系统的活动

16. 关于神经元间兴奋的化学传递特征，下述哪一项是错误的（　）

A. 时间延搁　　B. 双向传递

C. 通过化学递质　　D. 易受药物等因素影响

17. 关于反射，下述哪项是错误的（　）

A. 机体在神经中枢的参与下发生的反应称为反射

B. 反射可分为条件反射和非条件反射两种

C. 机体通过反射，对外界环境变化作出适应性反应

D. 没有大脑，就不能发生反射

18. 形成条件反射的基本条件是（　）

A. 要有非条件刺激

B. 要有适当的无关刺激

C. 无关刺激与非条件刺激在时间上的结合

D. 要有完整的大脑皮层

19. 大脑皮层调节躯体运动的代表区是（　）

A. 中央前回　　B. 中央后回

C. 皮层各区　　D. 岛叶

20. 阿托品可以阻断哪种受体的作用（　）

A. M 受体　　B. α 受体

C. N 受体　　D. β 受体

21. 下列哪一项不是神经纤维兴奋传导的特征（　　）

A. 生理完整性　　B. 不衰减性传导

C. 绝缘性　　D. 时间延搁

22. 腱反射属于（　　）

A. 屈肌反射　　B. 防卫反射

C. 骨骼肌牵张反射　　D. 条件反射

23. EPSP 是（　　）

A. 动作电位　　B. 阈电位

C. 静息电位　　D. 局部电位

24. 释放 ACh 递质的神经纤维，不包括（　　）

A. 交感神经节前纤维　　B. 副交感神经节前纤维

C. 大部分交感神经节后纤维　　D. 副交感神经节后纤维

25. 腱反射的感受器是（　　）

A. 腱器官　　B. 皮肤

C. 肌梭　　D. 内脏

26. 下列关于神经纤维兴奋传导特征的描述，正确的是（　　）

A. 只能从胞体至末梢单向传导　　B. 神经干中各纤维之间互不干扰

C. 只要结构完整就能正常传导兴奋　　D. 不受内环境因素变化的影响

E. 连续刺激时，传导能力很快下降

27. 神经末梢膜上哪一种离子通道的开放与递质的释放密切有关（　　）

A. 电压门控 K^+ 通道　　B. 电压门控 Na^+ 通道

C. 电压门控 Ca^{2+} 通道　　D. ACh 门控阳离子通道

E. 化学门控 Na^+ 通道

28. 在下列各种中枢神经元的联系方式中，能产生后发放效应的是（　　）

A. 单线式联系　　B. 辐散式联系

C. 聚合式联系　　D. 链锁式联系

E. 环式联系

29. 某一传入纤维进入中枢后，一方面兴奋一个中枢神经元，另一方面发出侧支，通过兴奋一个抑制性中间神经元，抑制另一个中枢神经元，这种抑制称为（ ）

A. 突触前抑制
B. 传入侧支性抑制
C. 回返性抑制
D. 同步抑制
E. 去极化抑制

30. 非特异性感觉投射系统的功能是（ ）

A. 产生各种体表和内脏的感觉
B. 维持和改变大脑皮层的兴奋状态
C. 抑制大脑皮层的活动
D. 激发大脑皮层发出传出神经冲动
E. 建立丘脑和大脑皮层之间的反馈联系

31. 内脏痛最主要的特点是（ ）

A. 尖锐的刺痛
B. 潜伏期和持续时间长
C. 定位不明确
D. 伴有情绪和心血管反应
E. 对牵拉性刺激不敏感

32. 兴奋在神经纤维上传导是依靠下列哪种方式实现的（ ）

A. 局部电流
B. 动作电位
C. 神经冲动
D. 轴浆运输
E. 跳跃式传导

33. 下列关于脊休克的描述，正确的是（ ）

A. 脊休克现象由切断损伤的刺激所引起
B. 脊休克现象只发生在切断水平以下的部分
C. 所有脊休克症状均可完全恢复
D. 动物进化程度越高，恢复速度越快
E. 恢复后再次横断脊髓可重现脊休克现象

34. 神经元产生动作电位的起始部位在（ ）

A. 胞体
B. 树突
C. 轴突始段
D. 轴突
E. 轴突末梢

35. 关于神经纤维传导兴奋的叙述，下列哪一项是错误的（　　）

A. 结构的完整性　　B. 功能的完整性

C. 单向传导　　D. 相对不疲劳性

E. 绝缘性

36. 支配心脏的迷走神经末梢所释放的递质为（　　）

A. 去甲肾上腺素　　B. 乙酰胆碱

C. 5- 羟色胺　　D. 多巴胺

E. 肾上腺素

37. 下列哪一类神经纤维属于肾上腺素能神经（　　）

A. 副交感神经的节前纤维　　B. 副交感神经节后纤维

C. 绝大部分交感神经的节后纤维　　D. 躯体运动神经纤维

E. 交感神经节前纤维

38. 神经系统实现其调节功能的基本方式是（　　）

A. 兴奋和抑制　　B. 正反馈和负反馈

C. 躯体反射和内脏反射　　D. 条件反射和非条件反射

E. 神经内分泌调节和神经免疫调节

39. 突触前抑制的发生是由于（　　）

A. 突触前膜兴奋性递质释放量减少

B. 突触前膜释放抑制性递质

C. 突触后膜超极化

D. 中间抑制性神经元兴奋的结果

E. 以上原因综合的结果

40. 在整个反射弧中，最容易出现疲劳的部位是（　　）

A. 感受器　　B. 传入神经元

C. 反射中枢中的突触　　D. 传出神经元

E. 效应器

41. 对大脑皮层运动区特点的叙述，错误的是（　　）

A. 一侧皮层支配对侧躯体肌肉

B. 一侧皮层支配对侧面部肌肉

C. 其范围大小与肌肉运动精细复杂程度呈正比

D. 该区定位的上下分布总体安排为倒置，但头面部代表区内部安排则为正立

E. 躯干和四肢近端肌肉代表区在皮层 6 区，而远端肌肉代表区在皮层 4 区

42. 丘脑特异性投射系统的主要功能是（　　）

A. 维持觉醒　　B. 调节内脏功能

C. 调节肌紧张　　D. 调节随意运动

E. 引起特定的感觉并激发大脑皮层发出神经冲动

43. γ 运动神经元在牵张反射中的作用是（　　）

A. 直接诱发梭外肌收缩　　B. 直接发动牵张反射

C. 直接支配 α 运动神经元　　D. 引起腱器官兴奋

E. 使肌梭感受器处于敏感状态

44. 腱反射亢进时，则提示（　　）

A. 反射弧传入通路受损　　B. 反射弧传出通路受损

C. 脊髓反射中枢受损　　D. 高位中枢受损

E. 肌梭病损

45. 人的小脑受损伤后，肌紧张会（　　）

A. 增强　　B. 降低

C. 不变　　D. 先增强，后降低

E. 先降低，后增强

46. 交感神经兴奋时可引起（　　）

A. 瞳孔缩小　　B. 逼尿肌收缩

C. 消化道括约肌舒张　　D. 汗腺分泌

E. 支气管平滑肌收缩

47. 下丘脑是较高级的（　　）

A. 交感神经中枢
B. 副交感神经中枢
C. 内脏活动调节中枢
D. 躯体运动中枢
E. 交感和副交感神经中枢

48. 人的基本生命中枢位于（　　）

A. 延髓
B. 脑桥
C. 下丘脑
D. 丘脑
E. 大脑皮层

49. 下列哪种反射为条件反射（　　）

A. 吸吮反射
B. 眨眼反射
C. 屈肌反射
D. 见到美味佳肴引起唾液分泌反射
E. 窦弓反射

50. 大脑皮层管理体表感觉的代表区主要位于（　　）

A. 中央前回
B. 中央后回
C. 枕叶
D. 边缘系统
E. 颞叶

51. 快速叩击跟腱时，由于刺激了下列哪种结构而引起与该肌腱相连的肌肉发生收缩（　　）

A. 腱器官
B. 肌梭
C. 触 – 压觉感受器
D. 痛觉感受器
E. 皮肤感受器

52. 前庭小脑（绒球小结叶）的主要功能是（　　）

A. 调节肌紧张
B. 维持身体平衡
C. 发动随意运动
D. 完成牵张反射
E. 协调机体的精细运动

53. 下列哪一项生理活动的神经调节中枢不在延髓（　　）

A. 肺牵张反射　　B. 呼吸运动

C. 水平衡调节　　D. 血管运动

E. 心脏活动

54. 反射时间的长短主要取决于（　　）

A. 刺激的性质　　B. 刺激的强度

C. 感受器的敏感度　　D. 神经的传导速度

E. 反射中枢突触的多少

55. 下列刺激中哪项不易引起内脏痛（　　）

A. 切割　　B. 牵拉

C. 缺血　　D. 痉挛

E. 炎症

56. 以下哪一项不是异相睡眠的特征（　　）

A. 唤醒阈提高　　B. 生长激素分泌明显增强

C. 脑电波呈去同步化波　　D. 眼球出现快速运动

E. 促进精力的恢复

57. 下列哪种感觉不属于皮肤感觉（　　）

A. 触觉　　B. 痛觉

C. 位置觉　　D. 冷觉

E. 温觉

58. 正常人在安静、清醒、闭目时，出现的脑电波形是（　　）

A. α 波　　B. β 波

C. θ 波　　D. δ 波

E. γ 波

59. 肌牵张反射使（　　）

A. 受牵拉的肌肉发生收缩　　B. 同一关节的协同肌发生抑制

C. 同一关节的拮抗肌发生兴奋　　D. 其他关节的肌肉也同时发生收缩

E. 伸肌和屈肌都收缩

60. 肌梭感受器的适宜刺激是（　　）

A. 梭外肌收缩　　B. 梭内肌紧张性降低

C. γ－纤维传出冲动减少　　D. 梭外肌受到牵拉

E. 梭外肌松弛

61. 下列有关条件反射的叙述中，不正确的是（　　）

A. 形成的基本条件是强化　　B. 机体在后天生活过程中形成的

C. 数量有限　　D. 建立后可以发生消退

E. 使机体具有更大的适应性

62. 兴奋性与抑制性突触后电位的相同点是（　　）

A. 突触后膜去极化

B. 都可向远端传导

C. 都与突触后膜对 Na^+ 通透性增加有关

D. 出现“全或无”式电位变化

E. 递质使突触后膜对某些离子通透性改变的结果

63. 关于情绪激动时机体功能活动的改变，下列哪项是错误的（　　）

A. 心输出量增加　　B. 骨骼肌血管的血流量增加

C. 出汗　　D. 促进消化

E. 肾上腺髓质分泌增加

64. 下列叙述错误的是（　　）

A. 神经系统是人体主要的调节系统

B. 神经系统活动的基本方式是反射

C. 神经系统的基本结构和功能单位是神经元

D. 神经元只有传导兴奋的作用

E. 神经系统是机体重要的信息传递系统

65. IPSP 的产生，是由于突触后膜提高了（　　）

A. 对 Na^+、K^+，尤其是对 K^+ 的通透性

B. 对 Ca^{2+}、K^+，尤其是对 Ca^{2+} 的通透性

C. 对 Na^+、K^+，尤其是对 Na^+ 的通透性

D. 对 K^+、Cl^-，尤其是对 Cl^- 的通透性

E. 对 Na^+、Ca^{2+}，尤其是对 Ca^{2+} 的通透性

66. 交感神经系统功能活动的意义在于（　　）

A. 促进消化　　B. 保存能量

C. 加速排泄　　D. 适应环境的急剧变化

E. 促进机体恢复

67. 快波睡眠时相可出现下列活动，但要除外的是（　　）

A. 眼球快速运动　　B. 部分肢体抽动

C. 做梦　　D. 生长激素分泌增多

E. 夜间某些疾病发作

68. 肾上腺素能神经元的轴突末梢分支上有大量曲张体，是释放递质的部位。神经冲动抵达曲张体时，递质释放，通过弥散作用到达效应细胞，使效应细胞发生反应。这种传递方式称为（　　）

A. 自分泌　　B. 旁分泌

C. 近距分泌　　D. 突触性化学传递

E. 非突触性化学传递

69. 在中脑上、下丘之间切断脑干，动物会出现四肢伸直、头尾昂起、脊柱挺硬，表现出抗重力肌的肌紧张加强，称为去大脑僵直，其原因是脑干网状结构（　　）

A. 抑制区活动增强　　B. 易化区活动增强

C. 组织受到破坏　　D. 组织受到刺激

E. 出现抑制解除

70. 某人在意外事故中脊髓受到损伤，丧失横断面以下的一切躯体与内脏反射活动，但数周以后屈肌反射、腱反射等比较简单的反射开始逐渐恢复。这表明该患者在受伤时出现了（　　）

A. 脑震荡　　B. 脑水肿

C. 脊休克　　D. 脊髓水肿

E. 疼痛性休克

二、B 型题

本部分的每组题目前均有五个选项，每组题共用这五个选项。每道题的正确答案只有一个，选项可重复选择。

【1~5】

A. 中央前回　　B. 中央后回

C. 枕叶皮质　　D. 颞叶皮质

E. 岛叶皮质

1. 大脑皮层的第一体表感觉代表区位于（　　）
2. 大脑皮层的本体感觉代表区主要位于（　　）
3. 大脑皮层的听觉代表区位于（　　）
4. 大脑皮层的视觉代表区位于（　　）
5. 大脑皮层的运动区主要位于（　　）

【6~9】

A. 动作电位　　B. 阈电位

C. 局部电位　　D. 静息电位

E. 后电位

6. 兴奋性突触后电位属于（　　）

7. 能够造成细胞膜对 Na^+ 通透性突然增大的临界膜电位称为（　　）

8. 可兴奋细胞安静时，其膜内外的电位差称为（　　）

9. 刺激神经纤维时，可产生一次扩布性的膜电位变化，称之为（　　）

【10~12】

A. M 受体　　B. N_1 受体

C. N_2 受体　　D. α 受体

E. β 受体

10. 副交感节后纤维支配的效应器存在（　　）

11. 骨骼肌神经肌肉接头的终板存在（　　）

12. 自主神经节后神经元的胞体上存在（　　）

三、X 型题

本部分每道题后有五个选项，其中至少有两个为正确答案。

1. 下列神经纤维中哪些属于胆碱能纤维（　　）

A. 骨骼肌运动神经纤维　　B. 支配内脏的多数副交感节后纤维

C. 交感神经骨骼肌舒血管纤维　　D. 多数小汗腺神经纤维

E. 自主神经节前纤维

2. 下列关于神经纤维传导速度的描述，错误的是（　　）

A. 直径越大，传导越慢　　B. 髓鞘越厚，传导越慢

C. 一定范围内升高温度可加快传导　　D. 麻醉不影响传导速度

E. 直径越大，传导越快

3. 下列关于自主神经系统对内脏活动的调节特点的叙述，错误的是（　　）

A. 大多数内脏器官接受交感神经和副交感神经的双重支配

B. 交感神经和副交感神经对所有器官或组织的功能影响均相反

C. 自主神经对效应器的支配一般具有紧张性

D. 自主神经的作用与效应器本身的功能状态无关

E. 交感神经的作用是促进机体动员潜在力量，以适应环境的急剧变化

4. 动作电位在单一神经纤维上传导的特点有（　　）

A. 双向传导　　B. 不随距离延长而衰减

C. 可以总和　　D. 相对不疲劳

E. 传导速度与刺激强度有关

5. 关于 EPSP 的叙述，下述哪项正确（　　）

A. 它是由兴奋性递质与相应受体结合后产生

B. 其离子基础是突触后膜对 Na^+、K^+（主要是 Na^+）的通透性增高

C. 它是一个超极化电位

D. 它是一个去极化电紧张电位

E. 当总和达到阈电位时，可爆发动作电位

6. 关于非特异性投射系统的描述，正确的有（　　）

A. 经过丘脑髓板内核群　　B. 不产生特定感觉

C. 点对点投射　　D. 维持大脑皮层兴奋状态

E. 产生特定的感觉并激发大脑皮层发出传出冲动

7. 突触传递的特征有（　　）

A. 单向传递　　B. 突触延搁

C. 兴奋节律的改变　　D. 总和

E. 对内环境敏感和易疲劳

8. β 受体兴奋产生的效应有（　　）

A. 瞳孔扩大　　B. 心率加快

C. 支气管扩张　　D. 胃肠道运动增强

E. 逼尿肌收缩

9. 有关特异性投射系统的叙述，正确的是（　　）

A. 主要经过丘脑感觉接替核　　B. 产生特定的感觉

C. 具有点对点投射　　D. 维持大脑皮层兴奋状态

E. 激发大脑皮层发出传出冲动

10. 当动物或人的脊髓横断处于脊休克期间，将出现下列哪些症状（　　）

A. 尿、便失禁　　B. 骨骼肌紧张性降低或消失

C. 发汗反应增强　　D. 血压下降

E. 外周血管扩张

11. 内脏痛的特点有（　　）

A. 对机械牵拉、缺血、痉挛和炎症敏感

B. 痛产生的速度快

C. 对痛的定位不精确

D. 对痛刺激的分辨力差

E. 有牵涉痛

12. 参与肌牵张反射的有（　　）

A. 梭内肌　　B. 腱器官

C. 梭外肌　　D. 心肌

E. 胃肠平滑肌

13. 心肌缺血时的疼痛可能牵涉到（　　）

A. 心前区　　B. 右肩

C. 左肩　　D. 左上臂

E. 左上腹部

14. 中央后回的感觉投射规律是（　　）

A. 躯体感觉传入冲动向皮质投射是交叉的

B. 头面部感觉的投射是双侧性的

C. 投射区具有精细的定位

D. 上肢代表区在中间部

E. 下肢代表区在底部

15. 下列关于大脑皮层运动区功能特征的叙述，正确的是（　　）

A. 交叉支配，但头面部肌肉及喉部肌肉的支配为双侧性

B. 具有精细的功能定位，呈倒置安排（头面部内部正立）

C. 皮质代表区的大小与运动精细复杂程度有关

D. 整体表现为双侧支配

E. 运动区主要在中央后回

16. 下列关于牵张反射的叙述，正确的是（　　）

A. 牵张反射是维持姿势的基本反射

B. 有神经支配的骨骼肌受到外力牵拉时能反射性地引起受牵拉的同一肌肉收缩

C. 感受器与效应器在同一肌肉内

D. 牵张反射的感受器是肌梭

E. 在脊髓与高位中枢离断后，牵张反射永远消失

17. 交感神经的作用有（　　）

A. 心率加快，心肌收缩力加强　　B. 瞳孔扩大

C. 支气管平滑肌舒张　　D. 胃肠运动和分泌减弱

E. 汗腺分泌

18. 单一接受交感神经支配的是（　　）

A. 心脏　　B. 肾上腺髓质

C. 汗腺　　D. 胃腺

E. 骨骼肌血管

19. 儿茶酚胺与 β 受体结合可引起（　　）

A. 血管舒张　　B. 心率加快

C. 胃肠道平滑肌收缩　　D. 无孕子宫收缩

E. 支气管平滑肌舒张

第二部分　判断题

1. 在一个反射活动中，传入神经元与传出神经元的神经冲动频率是相同的。(　　)
2. 突触后电位是局部电位，需经总和达到阈电位，方可产生动作电位。(　　)
3. 神经元间的辐散式联系是反馈活动的结构基础。(　　)
4. 自主神经节后纤维可释放去甲肾上腺素、乙酰胆碱两种递质。(　　)
5. 中枢递质是指中枢神经系统内神经元之间传递信息的化学物质，包括兴奋性递质和抑制性递质。(　　)
6. 丘脑是除嗅觉外所有感觉传导最重要的换元站。(　　)
7. 下丘脑是调节内脏活动的较高级中枢，又是调节内分泌的高级中枢。(　　)
8. 第一信号系统是人类所特有的功能系统。(　　)
9. 腱反射的感受器为腱器官。(　　)
10. 突触前抑制是由突触前膜释放抑制性神经递质使突触后膜产生 IPSP 引起的。(　　)
11. 突触后抑制必须经过抑制性中间神经元的活动才能发生。(　　)
12. 有髓神经纤维和无髓神经纤维都是通过局部电流的机制传导动作电位的，因此二者兴奋的传导速度相同。(　　)

第十一章　内分泌

第一部分　选择题

一、A 型题

本部分的每道题后面有四或五个选项，其中仅有一个为正确答案。

1. 食物中长期缺碘所致的甲状腺肿大是因为（　　）

A. 胰岛素分泌过多　　B. 生长激素分泌过多

C. 促甲状腺激素分泌过多　　D. 促肾上腺皮质激素分泌过多

2. 胰岛素样生长因子的主要作用是（　　）

A. 反馈抑制生长激素分泌　　B. 刺激生长激素分泌

C. 促进脑的发育　　D. 促进软骨生长

3. 甲状腺激素的生理作用不包括（　　）

A. 促进机体新陈代谢　　B. 促进糖的吸收

C. 促进血钾进入细胞内　　D. 提高机体的产热量

4. 切除动物双侧肾上腺后死亡的主要原因是缺乏（　　）

A. 皮质激素　　B. 肾素

C. 肾上腺素　　D. 去甲肾上腺素

5. 血液中肾上腺素主要由（　　）

A. 肾上腺皮质分泌　　B. 肾小球分泌

C. 肾小管分泌　　D. 肾上腺髓质分泌

6. 下列哪种激素是由下丘脑室旁核分泌（　　）

A. 胰高血糖素　　B. 黄体生成素

C. 缩宫素　　D. 生长激素

7. 生物活性最强的甲状腺激素是（　　）

A. 一碘甲状腺原氨酸　　B. 二碘甲状腺原氨酸

C. 三碘甲状腺原氨酸　　D. 四碘甲状腺原氨酸

8. 合成后大量储备于细胞外部的激素是（　　）

A. 胰岛素　　B. 生长激素

C. 甲状腺激素　　D. 糖皮质激素

9. 糖皮质激素对糖代谢的影响主要是（　　）

A. 抑制糖的异生，促进糖的氧化　　B. 促进糖的异生，抑制糖的消耗

C. 促进肝糖原分解，减少肝糖原合成　　D. 促进糖转化为脂肪及蛋白质

10. 甲状腺激素分泌过多，对心血管的影响是（　　）

A. 心率减慢　　B. 血压下降

C. 心率加快　　D. 心排出量减少

11. 与体内血钙浓度有关的激素是（　　）

A. 维生素 D_3　　B. 降钙素

C. 甲状旁腺激素　　D. 以上各项

12. 食物中缺碘对甲状腺的影响是（　　）

A. 引起甲亢　　B. 使甲状腺功能低下

C. 形成单纯性甲状腺肿　　D. 无影响

13. 关于血管升压素，下述哪项是错误的（　　）

A. 由神经垂体释放

B. 使远曲小管和集合管对水的通透性加大

C. 血浆胶体渗透压升高时，刺激渗透压感受器增加分泌

D. 大静脉和心房扩张时，血管升压素分泌减少

14. 人类降钙素的主要来源是（　　）

A. 甲状腺 C 细胞　　B. 胰岛 A 细胞

C. 甲状旁腺主细胞　　D. 胰岛 D 细胞

15. 腺垂体促激素的分泌受以下哪种因素的调节（　　）

A. 下丘脑　　B. 神经垂体

C. 靶腺激素　　D. 下丘脑和靶腺激素

16. 下列关于胰岛素生理作用的叙述，哪项是错误的（　　）

A. 促进糖的贮存和利用　　B. 促进糖异生

C. 促进脂肪合成　　D. 促进蛋白质合成

17. 对神经系统发育最为重要的激素是（　　）

A. 生长激素　　B. 性激素

C. 甲状腺激素　　D. 促甲状腺激素

18. 糖尿病患者忌用糖皮质激素的原因是（　　）

A. 糖皮质激素可以促进糖异生，加强糖的利用

B. 糖皮质激素可以促进糖异生，抑制糖的利用

C. 糖皮质激素可以抑制糖异生，加强糖的利用

D. 糖皮质激素可以抑制糖异生，抑制糖的利用

19. 下列哪一种激素没有促进蛋白质合成的作用（　　）

A. 甲状腺激素　　B. 甲状旁腺激素

C. 生长激素　　D. 胰岛素

20. 糖皮质激素过多时，会产生（　　）

A. 侏儒症　　B. 水中毒

C. 向心性肥胖　　D. 肢端肥大症

21. 甲状腺手术时不慎将甲状旁腺切除，会发生（　　）

A. 甲状腺肿大　　B. 手足搐搦

C. 低血糖休克　　D. 肾上腺皮质功能衰竭

22. 下列不属于激素作用特征的是（　　）

A. 信息传递　　B. 特异性

C. 高效性　　D. 相互作用

E. 广泛性

23. 下列哪种调节肽不是由下丘脑促垂体区的神经细胞合成的（　　）

A. 促肾上腺皮质激素　　B. 生长激素释放激素

C. 催乳素释放因子　　D. 促性腺激素释放激素

E. 促甲状腺激素释放激素

24. 下丘脑与垂体间功能联系的叙述，下列哪一项是错误的（　　）

A. 下丘脑通过垂体门脉系统与腺垂体发生功能联系

B. 下丘脑通过下丘脑－垂体束与神经垂体发生功能联系

C. 下丘脑促垂体区的神经细胞分泌九种调节肽

D. 神经垂体释放的激素是在下丘脑视上核和室旁核合成的

E. 下丘脑调节肽调节腺垂体功能，但不受腺垂体的反馈调节

25. 不属于腺垂体分泌的激素是（　　）

A. GH　　B. OXT

C. ACTH　　D. TSH

E. PRL

26. 下列哪一种激素为腺垂体所分泌（　　）

A. 促肾上腺皮质激素释放激素　　B. 促肾上腺皮质激素

C. 肾上腺皮质激素　　D. 缩宫素

E. 抗利尿激素

27. 下列哪一项不是生长激素的直接作用（　　）

A. 诱导肝产生胰岛素样生长因子　　B. 促进脂肪分解

C. 促进软骨生长　　D. 增强脂肪酸氧化

E. 抑制外周组织摄取、利用葡萄糖

28. 生长激素对糖、脂肪代谢的作用是（　　）

A. 促进脂肪分解，使游离脂肪酸增加，抑制葡萄糖氧化

B. 抑制脂肪分解，使游离脂肪酸增加，促进葡萄糖氧化

C. 促进脂肪分解，使游离脂肪酸减少，促进葡萄糖氧化

D. 促进脂肪分解，使游离脂肪酸减少，抑制葡萄糖氧化

E. 抑制脂肪分解，使游离脂肪酸增加，抑制葡萄糖氧化

29. 成人生长激素分泌过多将导致（ ）

A. 腺瘤　　B. 黏液性水肿

C. 侏儒症　　D. 甲状腺肿

E. 肢端肥大症

30. 呆小症与侏儒症的最大区别是呆小症患者（ ）

A. 身材更矮　　B. 智力低下

C. 内脏增大　　D. 肌肉发育不良

E. 身材上、下部不对称

31. 生长激素分泌有日周期，血中浓度最高的时间是在（ ）

A. 清晨　　B. 中午

C. 傍晚　　D. 慢波睡眠

E. 异相睡眠

32. 刺激生长激素分泌最强的代谢因素是（ ）

A. 低蛋白　　B. 低血糖

C. 低血脂　　D. 低血钾

E. 低血钠

33. 下列哪组激素由神经垂体释放（ ）

A. 生长激素和缩宫素　　B. 胰岛素和催乳素

C. 缩宫素和抗利尿激素　　D. 去甲肾上腺素和生长激素

E. 加压素和催乳素

34. 患儿身体矮小，智力低下是由于下列哪种激素分泌不足引起（ ）

A. 生长激素　　B. 雄激素

C. 胰岛素　　D. 甲状腺激素

E. 肾上腺皮质激素

35. 能增加机体产热，使基础代谢率（BMR）升高最明显的激素是（　　）

A. 肾上腺素　　B. 胰岛素

C. 甲状腺激素　　D. 睾酮

E. 糖皮质激素

36. 在缺乏促甲状腺激素的情况下，甲状腺本身可适应碘的供应变化并调节甲状腺激素的合成、释放。这种调节方式称为（　　）

A. 神经调节　　B. 体液调节

C. 自身调节　　D. 前馈调节

E. 反馈调节

37. 以下激素能“升高血钙，降低血磷”的是（　　）

A. 甲状腺激素　　B. 胰岛素

C. 甲状旁腺激素　　D. 肾上腺皮质激素

E. 生长激素

38. 促进远曲小管和集合管保钠排钾的激素主要是（　　）

A. 糖皮质激素　　B. 醛固酮

C. 抗利尿激素　　D. 雄激素

E. 雌激素

39. 肾上腺皮质功能不足的患者，排除水分的能力大为减弱，可出现“水中毒”，补充下列哪种激素可缓解症状（　　）

A. 胰岛素　　B. 糖皮质激素

C. 醛固酮　　D. 肾上腺素

E. 胰高血糖素

40. 肾上腺皮质功能亢进时，不会出现（　　）

A. 向心性肥胖　　B. 淋巴细胞减少

C. 血糖升高　　D. 血中促肾上腺皮质激素分泌增加

E. 肌肉消瘦

41. 胰岛素由胰岛中哪种细胞分泌（ ）

A. A 细胞分泌
B. B 细胞分泌
C. D 细胞分泌
D. S 细胞分泌
E. PP 细胞分泌

42. 胰岛素对脂肪和蛋白质代谢作用的叙述，正确的是（ ）

A. 促进蛋白质合成，促进脂肪合成
B. 促进蛋白质分解，促进脂肪合成
C. 促进蛋白质分解，促进脂肪分解
D. 促进蛋白质合成，促进脂肪分解
E. 抑制葡萄糖转变为脂肪，抑制氨基酸转变为蛋白质

43. 胰岛素分泌不足将导致（ ）

A. 侏儒症
B. 呆小症
C. 糖尿病
D. 阿狄森病
E. 库欣综合征

44. 糖皮质激素可（ ）

A. 降低机体抗伤害刺激的能力
B. 减少红细胞和淋巴细胞的数目
C. 促进葡萄糖的利用
D. 促进肌肉组织蛋白质合成
E. 促进脂肪的分解

45. 长期大量服用糖皮质激素可引起（ ）

A. 血中 ACTH 浓度增高
B. 淋巴细胞数目增加
C. 肢端肥大症
D. 肾上腺皮质增生
E. 肾上腺皮质萎缩

46. 肾上腺皮质球状带主要分泌（ ）

A. 皮质醇
B. 雄激素
C. 雌激素
D. 醛固酮
E. 肾上腺素

47. 可促进小肠吸收钙的是（ ）

A. 维生素 A
B. 维生素 B

C. 维生素 C　　D. 维生素 D_3

E. 维生素 B_{12}

48. 下列哪种激素不是含氮激素（　　）

A. 生长激素　　B. 生长抑素

C. 卵泡刺激素　　D. 雄激素

E. 催乳素

49. 糖皮质激素本身无血管收缩作用，但能加强去甲肾上腺素的缩血管作用，称为（　　）

A. 直接作用　　B. 拮抗作用

C. 允许作用　　D. 协同作用

E. 反馈作用

50. 下列哪种激素与水、钠代谢无关（　　）

A. 糖皮质激素　　B. 醛固酮

C. 雌激素　　D. 胰高血糖素

E. 抗利尿激素

51. 属于类固醇激素的是（　　）

A. 促甲状腺激素　　B. 生长激素

C. 甲状腺激素　　D. 糖皮质激素

E. 肾上腺素

52. 甲状腺激素对脑和长骨的生长发育的影响在哪个时期最大（　　）

A. 胎儿期　　B. 出生后 1 个月内

C. 出生后 4 个月内　　D. 出生后 10 个月内

E. 出生后 1~2 年内

53. 具有促进腺垂体 TSH 分泌功能的下丘脑调节肽是（　　）

A. TRH　　B. CRH

C. GnRH　　D. GHRH

E. PRF

54. 甲状旁腺激素的靶器官主要是（ ）

A. 骨
B. 小肠
C. 骨和肾脏
D. 肾脏
E. 肝、肾

55. 机体处于“应激”状态时，血中升高的激素主要是（ ）

A. ACTH
B. ACTH 和肾上腺素
C. 肾上腺素和去甲肾上腺素
D. 甲状腺激素和胰岛素
E. ACTH 和糖皮质激素

56. 关于肾上腺髓质激素的叙述，哪一项是错误的（ ）

A. 髓质可分泌肾上腺素和去甲肾上腺素
B. 髓质激素的化学本质是类固醇
C. 肾上腺素能受体有 α 和 β 两大类
D. 去甲肾上腺素升血压作用强于肾上腺素
E. 肾上腺髓质激素的分泌受交感神经支配

57. 下面哪种激素不是肾上腺皮质分泌的（ ）

A. 皮质醇
B. 醛固酮
C. 性激素
D. 肾上腺素
E. 盐皮质激素

58. 成年人甲状腺激素分泌不足可患（ ）

A. 阿狄森病
B. 侏儒症
C. 黏液性水肿
D. 克汀病
E. 水中毒

59. 下面哪种激素与乳腺的发育、分泌和排出乳汁无关（ ）

A. 雌激素
B. 孕激素
C. 催乳素
D. 缩宫素
E. 前列腺素

60. 不属于下丘脑分泌的激素是（　　）

A. 生长激素　　B. 生长抑素

C. 促性腺激素释放激素　　D. 生长激素释放激素

E. 促甲状腺激素释放激素

二、B型题

本部分的每组题目前均有五个选项，每组题共用这五个选项。每道题的正确答案只有一个，选项可重复选择。

【1~4】

A. 呆小症　　B. 巨人症

C. 侏儒症　　D. 黏液性水肿

E. 肢端肥大症

1. 幼年时，甲状腺激素分泌不足，导致（　　）
2. 幼年时，生长激素分泌不足，导致（　　）
3. 幼年时，生长激素分泌过多，导致（　　）
4. 成人甲状腺功能低下，导致（　　）

【5~9】

A. 蛋白质和肽类激素　　B. 脂肪酸衍生物

C. 胺类激素　　D. 类固醇激素

E. 固醇类激素

5. 促甲状腺激素释放激素（　　）
6. 胰岛素（　　）
7. 肾上腺素（　　）
8. 糖皮质激素（　　）

9. 维生素 D_3（　　）

【10~14】

A. 胰岛素分泌

B. 甲状旁腺激素分泌

C. 甲状腺激素分泌

D. 胰岛素样生长因子分泌

E. 醛固酮分泌

10. 垂体分泌的 TSH 可刺激（　　）

11. 垂体分泌的 GH 可刺激（　　）

12. 血 K^+ 浓度升高可刺激（　　）

13. 血 Ca^{2+} 浓度降低可刺激（　　）

14. 血糖升高主要刺激（　　）

三、X 型题

本部分每道题后有五个选项，其中至少有两个为正确答案。

1. 能促使蛋白质合成的激素有（　　）

A. 睾酮

B. 糖皮质激素

C. 生长激素

D. 雌激素

E. 生理剂量甲状腺激素

2. 长期大量服用糖皮质激素可引起（　　）

A. 垂体促肾上腺皮质激素分泌减少

B. 垂体促肾上腺皮质激素分泌增多

C. 下丘脑促肾上腺皮质激素释放激素增多

D. 肾上腺皮质逐渐萎缩

E. 肾上腺皮质逐渐增生

3. 关于甲状旁腺激素的作用，下列叙述中哪些是正确的（　　）

A. 对钙代谢的调节是一个重要因素

B. 加强破骨细胞的活动，使溶骨过程加快，血钙增加

C. 促进肾小管对钙的重吸收，减少钙从尿中排出

D. 抑制肾小管对钙的重吸收

E. 间接促进肠道黏膜细胞对钙的吸收

4. 肾上腺素（　　）

A. 能与 α 和 β 受体结合

B. 对心脏有正性变时、变力的作用

C. 降低血压

D. 能使皮肤、肾脏和胃肠道血管收缩

E. 能使骨骼肌血管舒张

5. 下列哪些属于下丘脑调节肽（　　）

A. 促甲状腺激素释放激素

B. 血管升压素

C. 生长激素

D. 促性腺激素释放激素

E. 促肾上腺皮质激素释放激素

6. 糖皮质激素与胰岛素的作用相比较（　　）

A. 对血糖的影响两者相反

B. 对糖异生的影响两者相同

C. 对组织利用血糖的作用两者相反

D. 对蛋白质的分解作用两者相同

E. 对脂肪的影响两者相同

7. 关于激素作用的特征，下述正确的是（　　）

A. 具有激素－受体特异性

B. 具有信号放大作用

C. 一种激素可以有多种作用

D. 激素之间有协同作用

E. “信使”作用

8. 下列激素中与血糖调节有关的是（　　）

A. 生长激素

B. 胰岛素

C. 胰高血糖素

D. 肾上腺髓质激素

E. 糖皮质激素

9. 生长激素（　　）

A. 幼年时缺乏将患侏儒症　　B. 幼年时过多将患巨人症

C. 成年后过多将患肢端肥大症　　D. 幼年时缺乏将患克汀病

E. 过多产生“垂体性糖尿”

10. 影响机体生长发育的激素有（　　）

A. 生长激素　　B. T_3、T_4

C. 性激素　　D. 胰岛素

E. 肾上腺素

第二部分　判断题

1. 幼年期生长激素分泌不足，智力低下，可引起呆小症。（　　）
2. 甲状腺激素既可促进骨的生长，又可促进脑的发育。（　　）
3. 血钙浓度降低，甲状旁腺激素分泌增多，降钙素分泌减少。（　　）
4. 胰高血糖素可使胰岛素分泌增加，胰岛素也可使胰高血糖素分泌增加。（　　）
5. 生长激素能促进软骨的生长发育，对个体生长起重要作用。（　　）
6. 随着食物中碘供应的不断增加，甲状腺激素合成也不断增加，最终导致甲状腺功能亢进。（　　）
7. 甲状腺激素分泌过多时，食欲和食物摄入量增加，代谢率增高，体重也随之增加。（　　）
8. 糖尿病患者容易发生酸中毒，这是由大量脂肪酸在体内氧化分解产生大量酮体所致。（　　）
9. 人在觉醒状态下生长激素分泌较少，进入慢波睡眠后生长激素分泌明显增多。（　　）
10. 生长激素可促进蛋白质和脂肪的合成。（　　）

第十二章　生殖

第一部分　选择题

一、A 型题

本部分的每道题后面有四或五个选项，其中仅有一个为正确答案。

1. 在正常月经周期中，血浆孕激素水平最高出现在（　　）

A. 月经期　　B. 增生期

C. 排卵日　　D. 分泌期

2. 下列选项中，属于孕激素生理作用的是（　　）

A. 抑制乳房的发育　　B. 增加子宫平滑肌的兴奋性

C. 产热　　D. 促进阴道上皮细胞增生和角化

3. 睾丸被切除后，下列激素血浓度升高的是（　　）

A. 卵泡刺激素　　B. 孕激素

C. 雌激素　　D. 雄激素

4. 下列选项中，属于雌激素生理作用的是（　　）

A. 使阴道上皮细胞糖原含量减少

B. 促进蛋白质合成，加强钙盐沉着

C. 抑制乳腺导管和结缔组织的增生

D. 使子宫肌细胞兴奋性降低

5. 在正常月经周期中，血浆雌激素水平最高出现在（　　）

A. 月经期　　B. 增生期

C. 排卵日　　D. 分泌期

6. 受精的部位是（　　）

A. 输卵管漏斗部　　B. 输卵管壶腹部

C. 输卵管峡部　　D. 输卵管子宫部

7. 促进蛋白质合成的激素不包括（　　）

A. 生长激素　　B. 雌激素

C. 雄激素　　D. 孕激素

8. 排卵后黄体萎缩是由于血中哪种激素水平下降（　　）

A. 黄体生成素和卵泡刺激素　　B. 雌激素

C. 前列腺素　　D. 孕激素

9. 关于正常女性基础体温的叙述，错误的是（　　）

A. 排卵前先短暂降低，排卵后升高

B. 排卵后可升高约 0.5℃

C. 基础体温升高是判断排卵的唯一标志

D. 绝经后双向体温变化消失

10. 多数健康女性每个月经周期中，两侧卵巢能发育成成熟卵泡的数量为（　　）

A. 1 ~ 2 个　　B. 3 ~ 5 个

C. 15 ~ 20 个　　D. 20 ~ 30 个

11. 排卵后形成的黄体所分泌的主要激素是（　　）

A. 雄激素　　B. 人绒毛膜促性腺激素

C. 黄体生成素　　D. 孕激素和雌激素

12. 关于睾丸功能的叙述，错误的是（　　）

A. 具有产生精子的功能

B. 支持细胞对生精细胞有营养和支持作用

C. 睾丸间质细胞分泌睾酮

D. 睾酮对下丘脑和腺垂体激素分泌有促进作用

13. 排卵后子宫内膜呈分泌期变化是由于（　　）

A. 高浓度孕激素的作用　　B. 高浓度雌激素的作用

C. 黄体生成素浓度升高　　D. 孕激素和雌激素的共同作用

14. 孕酮最重要的生理作用是使子宫内膜出现（　　）

A. 脂肪积累　　B. 导管发育

C. 增殖　　D. 分泌期变化

15. 卵巢可分泌哪种激素（　　）

A. 雌激素　　B. 雄激素

C. 孕激素　　D. 以上各种激素

16. 出现月经是由血液中什么激素的浓度急剧下降所致（　　）

A. 生长激素　　B. 雌激素

C. 孕激素　　D. 雌激素和孕激素

E. 雌激素和生长激素

17. 黄体生成素来源于（　　）

A. 下丘脑　　B. 腺垂体

C. 卵巢　　D. 子宫

E. 胎盘

18. 在月经周期中出现两次分泌高峰的激素是（　　）

A. 人绒毛膜促性腺激素　　B. 雌激素

C. 孕激素　　D. 雄激素

E. 催乳素

19. 促性腺激素释放激素来源于（　　）

A. 下丘脑　　B. 腺垂体

C. 卵巢　　D. 子宫

E. 胎盘

20. 月经周期中控制排卵发生的最重要的激素是（　　）

A. 雌激素　　B. 孕激素

C. 黄体生成素　　D. 卵泡刺激素

E. 睾酮

21. 排卵前，血中黄体生成素（LH）出现高峰的原因是（　　）

A. 血中孕激素对腺垂体的正反馈作用

B. 血中雌激素对腺垂体的正反馈作用

C. 血中孕激素和雄激素共同的作用

D. FSH 的促进作用

E. 少量 LH 本身的短反馈作用

22. 成熟的卵泡能分泌大量的（　　）

A. 卵泡刺激素　　B. 黄体生成素

C. 人绒毛膜促性腺激素　　D. 雌激素

E. 孕激素

23. 育龄期女子基础体温的双相变化与下列哪种激素有关（　　）

A. 雌激素　　B. 孕激素

C. 甲状腺激素　　D. LH

E. FSH

24. 妊娠时维持黄体功能的主要激素是（　　）

A. 雌激素　　B. 孕激素

C. 卵泡刺激素　　D. 黄体生成素

E. 人绒毛膜促性腺激素

25. 睾酮主要由哪种细胞分泌（　　）

A. 睾丸生精细胞　　B. 睾丸支持细胞

C. 睾丸间质细胞　　D. 曲细精管上皮细胞

E. 精原细胞

26. 关于雌激素的生理作用，不正确的是（　　）

A. 使子宫发育
B. 促进水与钠排泄
C. 促进输卵管发育
D. 促进骨中钙的沉积
E. 促进阴道上皮细胞的增生

27. 在下列各项中，雌激素与孕激素表现为协同作用的是（　　）

A. 加强子宫收缩
B. 促进阴道上皮角化
C. 促进乳房发育
D. 增加宫颈黏液分泌
E. 加强输卵管蠕动

28. 睾酮生理作用，下列叙述不正确的是（　　）

A. 影响胚胎分化
B. 维持生精作用
C. 促进男性副性征的出现及维持
D. 促进蛋白质的合成
E. 主要是抑制骨骼生长与钙磷沉积

29. 睾酮的本质是（　　）

A. 类固醇类激素
B. 固醇类激素
C. 肽类激素
D. 蛋白质类激素
E. 胺类激素

30. 关于孕激素作用的叙述，下列哪项是错误的（　　）

A. 刺激子宫内膜呈增生期变化
B. 使子宫肌活动减弱
C. 降低母体免疫排斥反应
D. 刺激乳腺腺泡的发育
E. 促进能量代谢，有产热的作用

31. 妊娠期内不排卵是由于下列哪种因素的作用（　　）

A. 雌激素
B. 孕激素
C. 雌激素与孕激素
D. 催乳素
E. 促性腺激素释放激素

32. 测定血或尿中哪种激素有助于早孕诊断（ ）

A. hCG
B. 雌二醇
C. 孕激素
D. LH
E. hCS

33. 女性的主要的性器官是（ ）

A. 子宫
B. 卵巢
C. 输卵管
D. 阴道
E. 外阴

34. 卵巢的功能不包括下面哪项（ ）

A. 产生卵子
B. 分泌孕激素
C. 分泌卵泡刺激素
D. 能将卵泡转化为黄体
E. 分泌雌激素

35. 男性的主性器官是（ ）

A. 阴茎
B. 睾丸
C. 输精管
D. 阴囊
E. 前列腺

36. 精子的发育过程正确的是（ ）

A. 精原细胞→初级精母细胞→次级精母细胞→精子细胞→精子
B. 初级精母细胞→精原细胞→次级精母细胞→精子细胞→精子
C. 精原细胞→初级精母细胞→精子细胞→次级精母细胞→精子
D. 精原细胞→精子细胞→初级精母细胞→次级精母细胞→精子
E. 精原细胞→次级精母细胞→精子细胞→初级精母细胞→精子

37. 排卵一般发生在（ ）

A. 下次月经来潮之前 24 小时
B. 月经期第 3 日
C. 月经期第 7 日
D. 下次月经来潮之前 48 小时
E. 下次月经来潮之前 14 日

38. 大多数哺乳动物和人类精子必须在雌性生殖道内停留一段时间方能获得使卵子受精的能力，这种现象称为（　　）

A. 受精
B. 着床
C. 顶体反应
D. 精子获能
E. 精子去获能

39. 肾上腺皮质网状带细胞产生（　　）

A. 雌激素
B. 雄激素
C. 卵泡刺激素
D. 催产素
E. 雌激素和雄激素

40. 体内精子储存在（　　）

A. 睾丸
B. 前列腺
C. 精囊腺
D. 附睾和输精管
E. 尿道球腺

41. 体内精子生成所需时间约为（　　）

A. 一天
B. 一周
C. 三周
D. 一个月
E. 二个月

42. 雄激素结合蛋白的生成部位是（　　）

A. 支持细胞
B. 基底细胞
C. 间质细胞
D. 生精细胞
E. 睾丸毛细血管内皮细胞

43. 着床成功的关键在于（　　）

A. 足够的孕激素浓度
B. 子宫依靠雌激素识别胚泡
C. 胚泡与子宫内膜及时、适宜的相互作用
D. 足够的前列腺素浓度
E. 孕酮分泌的作用

44. 结扎输卵管的妇女（　　）

A. 不排卵，有月经　　B. 不排卵，无月经

C. 仍排卵，无月经　　D. 仍排卵，有月经

E. 副性征消失，附性器官萎缩

45. 关于月经周期中月经期的叙述，下列叙述正确的是（　　）

A. 血中雌激素水平高、孕激素水平低　　B. 血中雌激素水平低、孕激素水平高

C. 血中雌激素、孕激素水平均低　　D. 相当于卵泡期晚期

E. 子宫内膜功能层增殖

二、B 型题

本部分的每组题目前均有五个选项，每组题共用这五个选项。每道题的正确答案只有一个，选项可重复选择。

【1~2】

A. 卵泡期　　B. 黄体期

C. 月经期　　D. 绝经期

E. 增殖期

1. 排卵后期是指（　　）

2. 到 45 ~ 50 岁，月经不重复出现，进入（　　）

【3~7】

A. 雌激素　　B. 孕激素

C. FSH　　D. LH

E. 人绒毛膜促性腺激素

3. 在男性体内可作用于生精细胞和支持细胞，促进生精；在女性体内可促进卵泡成熟的激素是（　　）

4. 能使基础体温升高的激素是（　　）

5. 促进成熟卵泡排卵的激素是（　　）

6. 促进睾丸间质细胞生成睾酮的激素是（　　）

7. 促进阴道上皮细胞增生角化的激素是（　　）

【8~9】

A. 顶体素　　B. 雌激素与孕激素

C. 黄体生成素　　D. 卵泡刺激素

E. 人绒毛膜促性腺激素

8. 卵巢分泌的激素是（　　）

9. 黄体分泌的激素是（　　）

【10~12】

A. 黄体生成素　　B. 卵泡刺激素

C. 催乳素　　D. 雌激素

E. 孕激素

10. 卵泡期分泌量少，排卵前 24 小时形成分泌高峰，24 小时后骤降，黄体期维持低水平的是（　　）

11. 卵泡早期分泌少，至排卵前达高峰后，黄体期再次出现小高峰的是（　　）

12. 卵泡期分泌少，排卵后明显增多，与黄体期体温升高有关的是（　　）

三、X 型题

本部分每道题后有五个选项，其中至少有两个为正确答案。

1. 睾酮的生理作用有（　　）

A. 刺激内外生殖器官的发育与成熟

B. 维持正常性欲

C. 刺激男性特征的出现

D. 促进蛋白质合成

E. 促进蛋白质分解

2. 孕激素的作用是（　　）

A. 在雌激素作用的基础上，促进子宫内膜进一步增生并进入分泌期

B. 使子宫平滑肌活动减弱

C. 在雌激素作用的基础上，使乳腺发育

D. 使消化道平滑肌松弛，易发生便秘

E. 产热

3. 参与月经周期活动的激素有（　　）

A. 催乳素　　B. 雌激素

C. 孕激素　　D. FSH

E. LH

4. LH 的生理功能有（　　）

A. 促进黄体生成　　B. 促进卵泡排卵

C. 刺激黄体分泌性激素　　D. 促进卵泡最后成熟

E. 刺激间质细胞分泌睾酮

5. 能分泌性激素的有（　　）

A. 睾丸　　B. 卵巢

C. 胎盘　　D. 肾上腺皮质球状带

E. 肾上腺皮质网状带

6. 能促进乳腺生长发育的激素有（　　）

A. FSH　　B. LH

C. 雌激素　　D. 孕激素

E. 催乳素

7. 胎盘分泌的激素有（　　）

A. 缩宫素
B. 雌激素
C. 孕激素
D. 人绒毛膜生长素
E. 人绒毛膜促性腺激素

第二部分　判断题

1. 女性青春期乳腺发育主要由雌激素刺激引起。（　　）
2. 雄激素是由睾丸的间质细胞分泌的。（　　）
3. 女性在排卵后基础体温升高是由雌激素水平增高所致。（　　）
4. 育龄妇女在每个月经周期中，有 15 ~ 20 个卵泡发育成熟并排卵。（　　）
5. 睾丸是男性合成和分泌雄激素的唯一器官。（　　）
6. 睾丸的生精功能受 FSH 和睾酮的双重影响。（　　）
7. hCG 是一种由妊娠黄体分泌的糖蛋白激素，又称为孕激素。（　　）

下篇

主观题

第一部分　填空题

练习一

1. 机体功能活动的调节方式有________、________和________，其中最主要的调节方式是________。
2. CO_2 和 O_2 等脂溶性物质进入细胞内是通过________（转运形式）进行的。
3. 骨骼肌兴奋－收缩耦联的关键部位是________，关键物质是________，此物质储存于________。
4. 凝血因子Ⅱ、Ⅶ、Ⅸ、Ⅹ的合成需要________的参与。
5. 心血管中枢最基本的部位在________。
6. 微循环中的血液可以通过三条途径从微动脉流向微静脉，这三条途径是________、________和________。
7. 消化期胃液的分泌，可分为________、________和________三期。
8. 肾脏的结构和功能单位是________，它由________和________两部分组成。
9. 长期大量服用糖皮质激素治疗疾病时，血中 ACTH 含量会________。
10. 卵巢的周期可分为卵泡期、排卵期和________三个周期。

练习二

1. 神经调节的基本方式是________，其结构基础是________。
2. 阈刺激的作用是使膜电位由________除极到________水平。
3. 细肌丝主要由肌动蛋白、________和________三种蛋白组成。
4. 红细胞的生理特性有________、________和________。

5. 心肌不会产生强直收缩的原因是 ________。

6. 胰液中消化蛋白质的酶有 ________ 和 ________，二者均以不具有活性的酶原形式存在。

7. 心迷走神经节后纤维兴奋时，其末梢释放的递质是 ________，它与心肌细胞膜上 ________ 结合，使心率 ________，心肌收缩力 ________，房室传导 ________。

8. 消化道平滑肌经常保持微弱的持续收缩状态，称为 ________。

9. ________ 是调节甲状旁腺激素分泌的主要因素，________ 是调节胰岛素分泌的主要因素。

10. 子宫内膜失去 ________ 和 ________ 的支持而发生脱落和出血，形成月经。

练习三

1. 生命的基本特征是 ________、________、适应性和生殖。

2. 一般用 ________ 来衡量组织兴奋性的高低，它与组织的兴奋性是 ________ 关系。

3. 激素或代谢产物对器官功能进行调节，这种方式称 ________。

4. ________ 指通道的开关受其所在膜两侧电位调控的通道。

5. 血浆蛋白中，构成血浆胶体渗透压的主要物质是 ________。

6. 在呼吸运动调节中，中枢化学感受器的适宜刺激是 ________；缺氧兴奋呼吸是通过刺激 ________化学感受器引起。

7. 当血浆晶体渗透压下降时，血管升压素合成释放 ________，尿量 ________。

8. 大脑皮层兴奋时，脑电图的基本波形是以 ________ 波活动为主。

9. 牵张反射中，其反射弧的显著特点是 ________ 和 ________ 都在同一肌肉中。

10. 在女性月经周期中，排卵后体温 ________，这种变动与血中 ________ 浓度变化有关。

练习四

1. 可兴奋组织发生兴奋反应和兴奋传导的标志是产生________。
2. 能引起组织细胞发生反应的最小强度的刺激称为________。
3. 常见细胞的跨膜物质转运形式有________、________、________、________和入胞。
4. 输血时，主要考虑供血者的________不被受血者的________所凝集。
5. 心肌的生理特性有________、________、________和________。
6. 心室肌的前负荷是________，后负荷是________。
7. 所有消化液中，最重要的是________，不含消化酶的是________。
8. 感受器的换能作用，是指它们能把感受到的各种刺激形式转变为传入神经纤维上相应的________。
9. 脊髓前角有 α 和 γ 运动神经元，前者支配的效应器是________，后者支配的效应器是________。
10. 激素的主要相互作用类型有________作用、________作用、________作用和________作用。

练习五

1. 影响骨骼肌收缩活动的主要因素有________、________和________。
2. 静息电位是________外流形成的电－化学平衡电位，静息电位绝对值________称超极化。
3. 当膜内外电位差变小或消失，即膜内负电位变小成为零的现象称为________。
4. 机体正常的血浆渗透压约为 300 mmol/L，血浆渗透压主要包括________和________。
5. 心交感神经节后纤维兴奋时，其末梢释放的递质是________，它与心肌细胞膜上________受体结合，使心率________，心肌收缩力________，房室传导________，故心输出量________。
6. 胃运动的形式有________、________和________；胃内食糜进入十二指肠的过程，称为________。

7. 降压反射属于 ________ 反馈调节，其生理意义是 ________。

8. 心肌快反应细胞动作电位 0 期是由 ________ 内流所致。

9. 机体散热的主要方式有 ________、________、________ 和 ________。

10. 当 1,25- 二羟维生素 D_3 缺乏时，可引起儿童 ________。

练习六

1. 冲动达到神经－肌接头处，使突触前膜释放 ________，作用于终板膜上的 ________ 受体，从而使终板膜主要对 ________ 的通透性增加。

2. 以载体为中介的易化扩散的特点有 ________、________ 和 ________。

3. 红细胞生成的主要调节因素是 ________ 和 ________。

4. 生理性止血的基本过程包括：________、________ 和 ________。

5. 异长自身调节是通过改变 ________ 来实现对心肌收缩力的调节。

6. 可使胃蛋白酶原激活的物质是 ________ 和 ________。

7. 调节呼吸运动的外周化学感受器是 ________ 和 ________。

8. 促进机体产热最重要的激素是 ________。

9. 促进生长的睡眠时相为 ________；增强记忆的睡眠时相为 ________。

10. 孕激素主要促进乳腺 ________ 的发育与成熟。

练习七

1. 刺激的三个参数是 ________、________ 和 ________。

2. 钠－钾泵转运离子的特点是每分解 1 分子 ATP，可将 ________ 移入细胞内，同时将 ________ 排出细胞外。

3. 某人的血清中不含有抗 A 凝集素，其血型为 ________。

4. 心肌自律细胞的特点是在动作电位的 ________ 期内有 ________ 去极化。

5. 在微循环的几种通路中，与组织液进行物质交换的主要通路是 ________。

6. 某人潮气量是 400 ml，解剖无效腔气量为 150 ml，呼吸频率是 20 次 / 分，则肺通气

量是 ________，肺泡通气量为 ________。

7. 既分布于中枢神经系统，又分布于胃肠道的肽类物质统称为 ________。

8. 当血液中维生素 A 含量过低时，将影响 ________ 的合成，可引起 ________ 症。

9. 牵张反射有 ________ 和 ________ 两种类型。

10. 肾上腺髓质分泌 ________ 和 ________ 两种激素。

练习八

1. 在极化状态时，细胞膜内带 ________ 电荷，膜外带 ________ 电荷。

2. 受体的功能是 ________ 和 ________。

3. 凝血过程中，根据启动方式和参与的凝血因子不同，可分别通过 ________ 和 ________ 两种途径进行，前者的启动因子为 ________，后者的启动因子为 ________。

4. 正常成年人白细胞总数为 ________。

5. 在影响动脉血压的因素中，________ 主要影响收缩压的高低，________ 主要影响舒张压的高低。

6. 中心静脉压过高，通常可提示心室射血功能 ________。

7. 促胰液素促使胰液分泌，其成分的主要特点是 ________ 少，而 ________ 和 ________ 多。

8. 浅快呼吸的肺通气效能差，主要是因为 ________ 减少，从而使肺泡气体更新率 ________。

9. 肾脏对葡萄糖的重吸收属于 ________ 过程，与 ________ 的重吸收有关。

10. 刺激和维持男性性征的激素是 ________，刺激女性副性征出现的激素是 ________。

练习九

1. 在患某些寄生虫病或发生过敏反应时，增多的白细胞主要是 ________。

2. 正常成年男性红细胞数量为 ________；女性红细胞数量为 ________。

3. 窦房结细胞 4 期自动去极产生的主要原因是_________，浦肯野细胞 4 期自动去极产生的主要原因是_________。
4. 动作电位在同一细胞上的传导是通过_________实现的，传导过程中动作电位的幅度_________。
5. 心力衰竭时，毛细血管血压_________，组织液生成量_________。
6. 肺与外界环境之间的气体交换过程称为肺通气，肺泡与肺毛细血管之间的气体交换称为_________，血液与组织之间的气体交换称为_________，两者的气体交换都是以_________方式跨越呼吸膜和毛细血管壁转运而实现。
7. 心肌慢反应细胞动作电位 0 期是由_________内流引起，去极化的速率_________。
8. 抗利尿激素的释放主要受_________和_________的调节。
9. 神经纤维传导兴奋的特征是_________、_________、_________和_________。
10. 神经垂体激素包括_________和_________，来源于_________和_________。

练习十

1. 交感缩血管神经节后纤维释放的递质是_________，其与_________受体结合能力较强。
2. 如果人长期居住在高原，其红细胞数较居住在平原时_________，其原因是高原的缺氧环境使肾脏产生_________增多所致。
3. 胃肠激素的主要生理作用有_________、_________和_________。
4. 在一个心动周期中，房室瓣和半月瓣都处于关闭状态的时期是_________和_________。
5. 中心静脉压是指_________的压力，其高低主要取决于_________和_________两个因素。
6. 尿的生成包括三个相连续的过程，分别是_________、_________以及_________。
7. 皮下血流量减少，其皮肤温度_________。
8. 近视眼看远物时，物象形成于视网膜之_________，可用_________加以矫正。
9. 小汗腺受_________神经支配，其节后纤维为_________纤维。

10. 破坏动物脑干网状结构上行激动系统，该动物将处于 ________ 状态。

练习十一

1. O_2 和 CO_2 在血液中的运输有 ________ 和 ________ 两种形式。O_2 在血液中的主要运输形式是 ________，CO_2 在血液中的主要运输形式是 ________。
2. 肾血浆流量减少时肾小球滤过率 ________，当动脉血压从 150 mmHg 减低到 110 mmHg 时肾小球滤过率 ________。
3. 当动脉血压升高时，紧张性降低的心血管中枢有 ________ 和 ________。
4. 平静吸气是 ________ 过程，平静呼气是 ________ 过程。
5. 超滤液生成的结构基础是 ________。
6. 感受器的一般生理特性有 ________、________、________ 和 ________。
7. 视近物时，眼的调节是 ________、瞳孔缩小、________。
8. EPSP 称为 ________；IPSP 称为 ________。
9. 甲状腺激素主要影响 ________ 和 ________ 的发育与生长。
10. 如果食物中长期缺碘，血中 ________ 浓度降低，引起 ________ 分泌增多，导致甲状腺 ________。

练习十二

1. 血液发生凝固后析出的液体为 ________。
2. 安静和空腹状态下，每平方米体表面积的心输出量称 ________。
3. 右心衰竭时，中心静脉压 ________，静脉回心血量 ________。
4. 脊髓骶段低位排尿中枢受损，可出现 ________；低位排尿中枢失去大脑皮层控制时，则出现 ________。
5. 正常人血糖浓度相对稳定，通常都低于 ________，因此最终排出的尿中不会出现葡萄糖。
6. 外界物体发出的光线要照射到视网膜上，必须要通过 4 种折光指数不同的介质，分别

是 ________、________、________ 和 ________，以及4个曲率不同的折光面，其中折光能力最强的是 ________。

7. 缺氧对呼吸中枢神经元的直接作用是 ________，对外周化学感受器的作用是 ________。

8. 甲状腺激素主要以 ________ 的形式贮存于滤泡腔的胶质中。

9. 支配梭外肌的运动传出神经末梢所释放的递质是 ________。

10. 患者不会说话，但能看懂文字、听懂讲话，称为运动性失语症；患者不会书写，但手部其他运动正常，称为 ________；患者听不懂别人讲话，但听觉功能正常，称为 ________；患者视觉功能正常，但看不懂文字，称为 ________。

练习十三

1. 反馈信息使控制系统的作用不断加强，直至发挥最大效应，称为 ________ 反馈，如 ________。

2. 在生理特性上，窦房结细胞与心室肌细胞的不同点是：前者具有 ________ 而后者没有，后者具有 ________ 而前者没有。

3. 调节呼吸运动的基本中枢位于 ________。

4. 胃腺壁细胞功能异常可使内因子缺乏，导致 ________ 吸收障碍，可引起 ________ 贫血。

5. 盆神经兴奋，膀胱逼尿肌 ________，尿道内括约肌 ________。

6. 致热原能使下丘脑的调定点水平 ________。

7. 对于老视眼，近处光线聚焦于视网膜之 ________。

8. 有髓神经纤维比无髓神经纤维传导 ________，这是因为前者呈 ________，而后者呈连续式传导。

9. 皮肤受到伤害性刺激时，先出现 ________ 痛，后出现 ________ 痛。

10. 催乳素由 ________ 释放；缩宫素由 ________ 释放。

练习十四

1. 产生动作电位的最小刺激强度称 ________，不能产生动作电位的刺激称为 ________。

2. 在凝血和止血过程中，起重要作用的血细胞是 ________。

3. 心率超过 ________ 时，心输出量不但不增加，还会减少。

4. 在呼吸过程中，CO_2 和 O_2 进出细胞属于 ________ 环节，进出的速率取决于该气体在膜两侧的 ________ 和膜对该气体的通透性。

5. 胃排空的动力是 ________，食物进入十二指肠后通过肠胃反射使胃的排空被 ________。

6. 肾小球有效滤过压 = ________。

7. 人体安静状态下的主要产热部位是 ________。

8. 不同个体的能量代谢率均与 ________ 成正比。

9. 中枢抑制可分为 ________ 和 ________。

10. 前庭小脑与身体的 ________ 有关。

练习十五

1. 肌肉收缩是 ________ 肌丝向 ________ 肌丝滑行的结果。

2. 心脏每分钟射出的血量称为 ________，它等于 ________ 与 ________ 的乘积，正常成年人约为 ________。

3. 血流动力学中，血流阻力与 ________ 和 ________ 成正比，与 ________ 的 4 次方成反比。

4. 小肠内的消化液有 ________、________、________。其中含有消化酶多、消化力最强的是 ________，它含有的消化酶是 ________、________、________ 和 ________。

5. 胰液分泌受神经和体液调节的双重控制，但以 ________ 为主。

6. 机体的排泄器官有 ________、________、________ 和 ________。其中最重要

的排泄器官是＿＿＿＿＿＿。

7. 球旁器主要分布在皮质肾单位，它由三个特殊的细胞群构成，分别是＿＿＿＿＿＿、＿＿＿＿＿＿和＿＿＿＿＿＿。

8. 前庭器官包括＿＿＿＿＿＿、＿＿＿＿＿＿和＿＿＿＿＿＿，前庭器官的感受细胞都称为＿＿＿＿＿＿。

9. ＿＿＿＿＿＿有“生命中枢”之称；＿＿＿＿＿＿是瞳孔对光反射中枢部位。

10. 肾上腺皮质在组织结构上分为＿＿＿＿＿＿、＿＿＿＿＿＿和＿＿＿＿＿＿，分别合成和分泌＿＿＿＿＿＿、＿＿＿＿＿＿和＿＿＿＿＿＿。

第二部分　名词解释

练习一

1. 兴奋性

2. 受体

3. 静息电位

4. 血细胞比容

5. 期前收缩

练习二

1. 阈值

2. 心动周期

3. 肠－胃反射

4. 肾小球滤过率

5. 食物的特殊动力作用

练习三

1. 内环境

2. 单纯扩散

3. 血型

4. 房－室延搁

5. 排泄

练习四

1. 内环境的稳态

2. 绝对不应期

3. 自律性

4. 容受性舒张

5. 应激反应

练习五

1. 反射

2. 血液凝固

3. 基础代谢率

4. 感受器的适应现象

5. 激素的允许作用

练习六

1. 负反馈

2. 红细胞沉降率

3. 肺泡通气量

4. 水利尿

5. 牵涉痛

练习七

1. 体液调节

2. 等渗溶液

3. 收缩压

4. 滤过分数

5. 突触

练习八

1. 自身调节

2. 主动转运

3. 胃肠激素

4. 肾糖阈

5. 下丘脑调节肽

练习九

1. 纤维蛋白溶解

2. 心输出量

3. 吸收

4. 呼吸商

5. 后发放

练习十

1. 射血分数

2. 胃排空

3. 通气 / 血流比值

4. 球 – 管平衡

5. 应急反应

练习十一

1. 每搏输出量

2. 慢波

3. 肺活量

4. 血浆清除率

5. 牵张反射

练习十二

1. 血压

2. 血氧含量

3. 能量代谢

4. 视野

5. 神经递质

练习十三

1. 等容舒张期

2. 脑 - 肠肽

3. 体温

4. 激素

5. 瞳孔对光反射

练习十四

1. 代偿间歇

2. 分节运动

3. 基础状态

4. 血氧饱和度

5. 暗适应

练习十五

1. 胆盐的肠－肝循环

2. 食物的热价

3. 辐辏反射

4. 感受器

5. 回返性抑制

第三部分　问答题

基础篇

1. 生命的基本特征有哪些?

2. 何谓内环境及其稳态，有何生理意义?

3. 反射活动的结构基础是什么？包括哪些部分?

4. 反应、反射和反馈有何区别？

5. 简述局部电位和动作电位的特点。

6. 试述组织细胞在兴奋过程中兴奋性的变化。

7. 试比较内源性凝血途径与外源性凝血途径。

8. 简述凝血的步骤。

9. 简述血浆蛋白的生理功能。

10. 血浆与血清有何区别?

11. 评价心脏泵血功能的指标主要有哪些?

12. 简述心肌细胞的生理特性。

13. 简述影响动脉血压的因素。

14. 简述心交感神经、心迷走神经和交感缩血管神经对心血管的作用。

15. 简述影响静脉回流的因素。

16. 第一心音和第二心音是怎样产生的？各有何特点与意义？

17. 微循环有哪几条血流通路？各有何生理功能？

18. 试述心交感神经、心迷走神经的作用及其机制。

19. 试述房－室延搁及其生理意义。

20. 简述影响肺换气的因素。

21. 何谓呼吸？ 呼吸的全过程包括哪几个环节？

22. 简述缺 O_2 对呼吸的影响。

23. 简述在呼吸过程中肺内压的变化。

24. 何谓肺泡通气量？它与肺通气量相比有何意义？

25. 简述在呼吸的反射性调节中，外周化学感受器和中枢化学感受器的部位及其敏感刺激。

26. 简述胃酸的生理作用。

27. 简述消化道平滑肌的一般生理特性。

28. 何为机械性消化和化学性消化？

29. 为什么胃酸分泌缺乏的患者往往伴有贫血？

30. 为什么说胰液是所有消化液中最重要的一种？

31. 简述胆汁的生理作用。

32. 小肠为什么是最重要的消化和吸收部位?

33. 试述小肠的运动形式及意义。

34. 简述糖尿病患者出现多尿现象的原因。

35. 何谓球－管平衡?有何生理意义?

36. 简述影响能量代谢的主要因素。

37. 试以体温调定点学说解释体温调节机制。

38. 何谓基础代谢率？测定其有何意义？

39. 简述视网膜上感光细胞的分布与功能。

40. 简述远视眼的发生原因，并说明如何矫正。

41. 简述兴奋在中枢传播的特征。

42. 简述内脏痛有何特点。

43. 简述神经纤维上兴奋传导的特征。

44. 试述甲状腺激素的作用。

45. 糖皮质激素对物质代谢的作用是什么？

提高篇

1. 试述机体生理功能的主要调节方式及其特点。

2. 何谓负反馈、正反馈和前馈？在机体功能活动中有何作用？

3. 试述钠泵及其生理意义。

4. 试述静息电位及其形成机制。

5. 试述动作电位及其形成机制。

6. 简述神经－肌接头处的兴奋传递过程。

7. 何谓血浆晶体渗透压和胶体渗透压？各有何生理意义？

8. 试述红细胞、白细胞和血小板的生理功能。

9. 简述红细胞生成需要的条件。

10. ABO 血型的分型依据是什么？

11. 试述组织液的生成及其影响因素。

12. 简述中心静脉压的概念、正常值以及临床意义。

13. 老年人的动脉血压为什么有的表现为收缩压升高，有的表现为收缩压和舒张压都升高?

14. 何谓心动周期？在一个心动周期中心房和心室的活动是怎样的？心率加快对心动周期有何影响？

15. 胸膜腔负压是如何形成的？有何生理意义？

16. 肺表面活性物质有哪些生理作用？

17. 为什么通气 / 血流比值增大或减小都会使肺换气效率降低？

18. 为什么在一定范围内，深而慢的呼吸比浅而快的呼吸更有效？

19. 为什么说肺顺应性过分减小或过分增大对呼吸活动都是不利的？

20. 胃液中的主要成分有哪些？分别有何生理作用？

21. 试述胃排空的概念以及影响胃排空的因素。

22. 简述胰液分泌的神经和体液调节特点。

23. 简述抗利尿激素的生理作用及调节其分泌的主要因素。

24. 叙述尿生成的基本过程。

25. 何谓肾小管的重吸收？影响因素有哪些？

26. 肾素由哪里分泌？它对机体水盐平衡是如何调节的？

27. 机体的散热方式及其影响因素有哪些？

28. 视近物时眼是如何调节的？

29. 条件反射和非条件反射有哪些主要区别?

30. 简述脊休克及其产生机制，并指出脊休克的产生和恢复说明了什么?

31. 何谓去大脑僵直? 其产生机制如何?

32. 试述骨骼肌牵张反射的概念、基本过程与分类。

33. 简述胆碱能受体的分类、分布部位及生理效应。

34. 简述生长激素和甲状腺激素对机体生长发育的影响。

拓展篇

1. 物质的跨细胞膜转运有哪些类型？各有何特征？

2. 正常情况下，为什么循环系统的血液不发生凝固而处于流体状态？

3. 请根据所学生理学知识，试分析产生贫血的可能原因。

4. 心室肌细胞动作电位分为哪几期？各期是如何形成的？

5. 一个心动周期中，心脏的压力、容积、瓣膜和血流方向发生了怎样的变化？

6. 心肌细胞一次兴奋时兴奋性有何变化？其兴奋性的特点有何生理意义？

7. 简述 CO_2 对呼吸的调节。

8. 试述下列情况：大量出汗，严重呕吐、腹泻，大量饮用清水，大量静脉注射生理盐水，各对尿量产生的影响及其主要的机制。

9. 简述高热患者降温可采用的散热方式。

10. 用生理学中的内分泌知识，简要解释甲状腺功能亢进（甲亢）时出现烦躁、饭后糖尿、怕热出汗和消瘦无力的现象。

第四部分　分析论述题

1. 某同学，男，19 岁，汉族。一次无偿献血时，抽血前，血站医务人员对其进行血型化验、称体重等常规检查。该同学体重 70 kg，A 型血，近期无发热、感冒；进行肝炎标志物、艾滋病、梅毒等项目检查，结果均合格，遂采血 200 ml。

（1）该同学献血后如何通过神经、体液调节维持血压的相对稳定?

（2）输血应遵循哪些原则?

2. 临床工作中可采用哪些方法加快或延缓血液凝固？

3. 请叙述影响心输出量的因素及其作用机制。

4. 请叙述动脉血压的形成机制以及影响动脉血压的因素。

5. 某男士，24 岁，体重 70 kg，在参加爱心献血时，献血 400 ml 后，除心率略加快外并无其他不适反应。

问：

（1）该男士此次的献血量约占其总血量的百分之多少？

（2）该男士为什么会出现心率加快？

6. 试述压力感受器在维持动脉血压相对稳定过程中的作用机制。

7. 试分析情绪激动时机体心血管系统有哪些主要反应？

8. 某 35 岁男性患者，体重 60 kg，一小时前由于外伤出血 700 ~ 800 ml。体检发现动脉血压为 110/80 mmHg，心率为 120 次 / 分，面色苍白。请根据生理学知识，回答下列问题：

此时患者的动脉血压仍在正常值范围，为什么？患者有心率加快和面色苍白，为什么？

9. 血液中 CO_2 增多、缺 O_2 和 H^+ 浓度增高对呼吸有何影响？其作用途径如何？

10. 试述静脉快速输入大量生理盐水和静脉注射高渗葡萄糖后尿量各有何变化？并分析两者尿量变化的机制。

11. 结合临床，试述影响肾小球滤过的因素以及对尿量的影响。

12. 试述在寒冷和炎热的环境中体温保持恒定的机制。

参考文献

[1] 王庭槐 . 生理学：第 9 版 [M]. 北京：人民卫生出版社，2018.

[2] 管茶香，武宇明 . 生理学：第 4 版 [M]. 北京：人民卫生出版社，2019.

[3] 罗自强，祁金顺 . 生理学学习指导与习题集：第 3 版 [M]. 北京：人民卫生出版社，2018.

[4] 宴廷亮，钱兴勇 . 生理学 [M]. 杭州：浙江大学出版社，2018.

[5] 杨志伟 . 生理学基础 [M]. 武汉：湖北科学技术出版社，2010.

[6] 孙庆伟，周萍，王杨 . 医用生理学：第 6 版 [M]. 北京：北京大学医学出版社，2016.